# 都市農業はみんなで支える時代へ

東京・大阪の農業振興と都市農地新法への期待

石原 肇 著

古今書院

# はしがき

　人口減少に伴い，全国的にみれば，地方創生が喫緊の課題となっている。東京や大阪といった大都市が無縁のことかといえばそうではなく，人口減少に伴う都市の縮退への対応も喫緊の課題となっている。

　このようなことも背景にあり，都市農地・農業は，環境保全や防災，教育等の多面的機能を有することから，都市において極めて重要なものとなっている。2015 年 4 月に「都市農業振興基本法」が公布された。その後，2016 年 5 月には，「都市農業振興基本計画」が閣議決定された。国土交通省の報道発表によれば「本計画では，都市農地を農業政策，都市政策の双方から再評価し，これまでの「宅地化すべきもの」とされてきた都市農地を，都市に「あるべきもの」ととらえることを明確にした」としている。この基本計画では，例えば，市街化区域から市街化調整区域への逆線引きの促進，老朽化した建物のある土地の農地への転用など，これまでにはみられなかった土地利用に関する記述があり，政府が都市農業に関して根本的な転換を図ろうとしていることが伺われる。

　現在，筆者は大阪で大学教員として主に近畿圏を対象に都市農業と中心市街地のテーマを中心に地域の活性化に寄与すべく調査を進めている。着任以前は東京都の農業技術職の職員として東京の都市農業に関わる職務を経験してきた。

　筆者の学生時代の専攻は農芸化学の一分野である土壌学である。日本の土壌学は主に農学として発展してきたことから，農耕地土壌を対象とした研究が多い。しかし，筆者は若気の至りで未耕地土壌を対象とした土壌中の窒素代謝にとりつかれ，結論のはっきりしない修士論文を書き，辛うじて修了させていただいた。

　そのような出来の悪い学生であったが，学んだことを社会に活かしたいと考え，1990 年 4 月に東京都に農業技術職の職員として採用され，25 年間勤務させていただいた。この間，農業関係に 9 年 9 ヶ月，環境関係に 11 年，災害対策に 2 年 3 ヶ月，全庁の調整に 2 年，それぞれの分野で携わる機会を得た。

採用されたこの時期は，バブル経済が終焉を迎えそうな雰囲気であったものの，未だ景気はよく，東京は国際都市東京として，より一層飛躍すべきといった考えが強く打ち出されていたように思う。このため，当時は都市農業不要論が世の中を席巻しており，都市に「あるべきもの」とされる現在の状況は想像もつかない。

東京都の農業技術を専門とする職員としては多様な職務を経験していく中，自身の職務を体系的に位置付けるため大学院博士課程で学びたいと考えた。当時は，大学が社会人を受け入れ始めた頃であり，いろいろな大学を訪問した中，農業地理学を専門とする立正大学の内山幸久教授（現，名誉教授）にご指導いただけることとなった。2001 年 4 月から 3 年間，都市緑地保全をテーマにご指導をいただいた。

既に社会人として 10 年余を経過し，初めて地理学を学び，都市緑地保全をテーマにした論文を執筆するものの，投稿論文は査読の審査でなかなか了承を得られず，3 年間はあっという間に過ぎてしまった。その後，博士論文のテーマを変えることについて内山幸久教授にお認めいただき，三宅島の災害対策に関する論文で学位をいただいた。以降，折をみては，都市緑地保全をテーマにした論文を書いていた。

2015 年 4 月に大阪産業大学に迎え入れていただき，大学教員として新たな一歩を踏み出した。着任後すぐに冒頭に記した「都市農業振興基本法」が公布されている。全国的にみて，農家戸数が最も少ないのは東京都で，次いで大阪府が少ない状況にある。東京都では，奥多摩町や檜原村と離島を除いた地域が，ほぼ都市農業の行われている地域といえる。大阪府は複数の町村があるものの，隣接する府県の都市化の状況をふまえると，ほぼ全域が都市農業と呼べると考えられる。

着任後，科研費「スタートアップ支援」に都市農業の地域政策論をテーマとして応募し，採択いただけた。このようなことから，本書は，筆者の東京都在職時から現在の大阪産業大学での研究に至るまでの，都市農業に関する研究成果を取りまとめたものである。

東京都の個別の地域を対象としたものは，あえて現代にも生き残る市場出荷

型産地を取り上げている。2013 年 7 月から東京都での最後の任務となったのが農業振興に関することであり，15 年ぶりのことであった。近年の首都圏の都市農業に関する地理学研究は，都市住民との交流に着目したものがほとんどと思われる。農業の根幹である生産に着目し，筆者が東京都に採用された頃から市場出荷型産地として生き残っている姿を描く必要を感じたからである。

　現在の勤務校に着任し，近畿圏における近年の都市農業に関する地理学研究を調べると，あまり多くはなされていないように思えた。大阪府の個別の地域を対象としたものは，農業の基盤となる農地の多くが水田であるという自然条件や都市住民等との関わり方が東京都とは異なることから，都市住民等との新たな連携の姿を現場の動きから捉える必要を感じた。

　なお，都市農業は野菜・果樹・花きといった園芸が盛んであることから，本書での調査は，野菜（東京都江戸川区，清瀬市，東久留米市，大阪府堺市，八尾市），花き（東京都東村山市），果樹（大阪府柏原市）が基幹品目である地域で行っている。また，近畿圏は水田が多いことから，稲作中心の地域（大阪府東大阪市）も取り上げ，都市農業の主要品目は網羅するようにしている。

　これまでの経歴から筆者の研究は地理学そのものの発展にはあまり寄与するものではないかもしれない。しかし，世の中は動いており，その動きを地理学の研究方法を活かして捉え，研究結果を現実の世の中に還元していくことも重要ではないかと考えている。本書の学術的意義は少ないかもしれないが，東京と大阪という最も都市農業が行われている 2 つの地域を主な対象地域として，この 2 つの地域の現場で起こっていることを中心に記載している。これは，都市農業・農地のこれまでの変化と今後を期して記したものであり，都市農業関係者はもとより，多くの都市住民の方々に，都市農業の大切さを知っていただき，都市に農地や農業が少しでも多く残っていくことの役に立てば幸いである。

　なお，本書の多くは既に公表されたものである。以下に記しておく。

1. 1990 年以降の東京都の都市における農業の変化．地球環境研究，16，21-36，2014.

2. 東京都江戸川区における市場出荷型コマツナ産地の存続戦略．地球環境研究，17，83-100，2015．

3. 東京都東村山市における市場出荷型花壇苗産地の存続戦略．地球環境研究，18，155-171，2016．

4. 東京都清瀬市と東久留米市における市場出荷型露地野菜産地の存続戦略．地域研究，57，21-31，2017．

5. 1990年以降の大阪府の都市における農業の変化．日本都市学会年報，49，307-314，2016．

6. 堺市における市民農園等の設置主体の多様化と立地の変化．日本都市学会年報，51，81-90，2018．

7. 大阪府の「八尾バル」における地域特産野菜を用いた地産地消の取組み．地域研究，58A，28-40，2017．

8. 大阪府柏原市における伝統的なブドウ産地の多様な取組み．大阪産業大学論集　人文・社会科学編，34，123-142，2018．

9. 都府県が策定した都市農業振興基本計画の比較．大阪産業大学人間環境論集，17，139-149，2018．

10. 近畿圏2府2県における生産緑地の地域的差異．大阪産業大学論集　人文・社会科学編，32，99-108，2018．

11. 生産緑地2022年問題に係る東大阪市における課題と対応策．大阪産業大学論集　人文・社会科学編，34，71-90，2018．

　本書は，大阪産業大学学会の出版助成を受けたものである。本書の出版に際しては，関係機関，関係学会等から既に公表している論文の掲載をご了解いただいた。本書の出版にあたり，内山幸久立正大学名誉教授からご助言をいただいた。筆者が前職場に在籍中からご指導ご助言いただいている古今書院の原光一氏には，本書の作成にあたって大変なお力添えをいただいた。以上の皆様に，ここにお礼を申し上げる。

2018年12月25日　石原　肇

# 目　次

はしがき　i

## 序章　都市農業研究の背景と目的 ……………………………… 1

1. 都市農業研究の背景　1
2. 従来の研究と本書の研究の位置付け　7
3. 都市農業研究の目的　9

---

I 農家が耕すための振興策 ── 東京都にみる市場出荷型産地の存続戦略　15

---

## 第1章　東京都における 1990 年以降の農業の変化 ……………… 17

1. 東京都の農業とその研究方法　17
2. 農業基盤の推移と農業経営の状況　18
3. 2010 年における農業関連事業等に関する状況　21
4. 東京都における農業の変化の性格　32

## 第2章　東京都江戸川区のコマツナ産地 ……………………… 35

1. コマツナ産地とその研究方法　35
2. 江戸川区の農業基盤とコマツナ生産の推移　38
3. 江戸川区の行政と農協，農家の取組み　45
4. 江戸川区におけるコマツナ産地の性格　54

## 第3章　東京都東村山市の花壇苗産地 …………………………………… 57

1. 花壇苗産地とその研究方法　57
2. 東村山市の農業基盤と花壇苗生産の推移　61
3. 東村山市の花き生産に対する行政の取組み　72
4. 東村山市の花壇苗産地の性格　77

## 第4章　東京都清瀬市と東久留米市の露地野菜産地 ……………… 83

1. 郊外の露地野菜産地とその研究方法　83
2. 清瀬市と東久留米市の農業基盤と露地野菜生産の推移　87
3. 清瀬市と東久留米市の行政計画からみた都市農業の位置付け　93
4. 清瀬市と東久留米市の露地野菜産地の性格　95

---

Ⅱ 都市住民による生産や消費への参画 ―大阪府にみる新しい連携の形　99

---

## 第5章　大阪府における1990年以降の農業の変化 ……………… 101

1. 大阪府の農業とその研究方法　101
2. 農業基盤の推移と農業経営の状況　102
3. 2010年における農業関連事業等に関する状況　108
4. 大阪府における農業の変化の性格　108

## 第6章　大阪府堺市の市民農園等の設置主体の多様化と　　立地の変化 ……………………………………………… 113

1. 市民農園等とその研究方法　113
2. 堺市の特徴　118
3. 堺市における市民農園等の設置状況　122
4. 堺市における市民農園等の展開からみられる示唆　130

目次　vii

## 第7章　大阪府八尾市の「八尾バル」における地産地消の取組み　135

1. 地産地消と中心市街地活性化イベントとの連携とその研究方法　135
2. 八尾市における都市農業の状況　141
3. 「八尾バル」の特徴　145
4. 地域特産野菜の地産地消をコンセプトとした取組みが実施可能な背景　151

## 第8章　大阪府柏原市の伝統的ブドウ産地の多様な取組み　……　155

1. 伝統的ブドウ産地とその研究方法　155
2. 柏原市の農業の変化　158
3. 柏原市におけるブドウ生産振興関係施策の実施状況　166
4. 柏原市のブドウ生産の性格　175

---

### Ⅲ　都市農業を支える農地保全に向けた課題　　179

---

## 第9章　地方都市農業振興基本計画からみる課題　………………　181

1. 地方都市農業振興計画の一般的特徴　181
2. 従前の都市農業振興施策　182
3. 都市農業振興基本法に基づく地方都市農業振興基本計画　184
4. 都府県の地方都市農業振基本計画からみえる政策課題　188

## 第10章　近畿圏における生産緑地の指定状況からみる課題　…　193

1. 2017年生産緑地法の改正と生産緑地の指定状況に係る研究方法　193
2. 生産緑地の指定状況の変化とその考察　195
3. 今後の生産緑地に関する課題　203

## 第11章 生産緑地2022年問題に係る大阪府東大阪市の課題と 対応策 ……………………………………………………………… 205

1. 東大阪市の生産緑地とその研究方法 205
2. 生産緑地に関するアンケート調査の結果とその考察 214
3. 他の地方公共団体の先駆的な取組みの状況 224
4. 国の政策立案の動向 225
5. 生産緑地2022年問題への対応策の提言 226
6. 生産緑地2022年問題の性格 228

## 展望 新法の制定等にみるみんなで支える都市農業の時代の到来 231

1. 新法「都市農地の貸借の円滑化に関する法律」の制定 231
2. 租税特別措置法（相続税納税猶予制度）の改正 233
3. みんなで支える都市農業の時代の到来 234

索 引 237

# 序章　都市農業研究の背景と目的

## 1．都市農業研究の背景

### （1）1992 年改正生産緑地法施行時の状況

　日本の大都市圏では，高度経済成長期に都市化が急激に進み，これに伴い多くの緑地が失われ，自然環境が損なわれてきた。このため，1968 年以降に緑地を保全するための法制度が整備されてきた。例えば，東京都の調査によると，1974 年から 1998 年までの 25 年間に都内の約 70km$^2$ の緑地が失われてきており，このうち農地の減少が最も大きいとしている（東京都都市計画局地域計画部・環境局自然環境部，2001）。

　そこで，緑地を構成する要素の一つであり，減少が著しい農地について，大都市圏での保全策に着目した。わが国の大都市圏では，1968 年に都市計画法の改正が行われ，都市計画区域内は市街化区域と市街化調整区域とに区分された。市街化区域は，速やかに市街化を図る区域とされ，市街化区域内の農地については，おおむね 10 年以内に宅地化するものとされた。このため，市街化区域内の農地の転用は，届出をするだけでよいとされた。

　都市計画法の改正から 6 年後の 1974 年には，新たに生産緑地法（以下，旧生産緑地法という）が制定された[1]。この法律はわが国の三大都市圏の特定市[2]を対象としたものであり，良好な生活環境を確保する機能と公共公益施設のための多目的な保留地機能との 2 点を発揮するため制定された。一方，税制面では，1972 年から 1980 年にかけて特定市の市街化区域内農地に対して宅地並み課税が実施されることとなった。しかし，地方自治体の多くが，条例により長期営農継続農地を認めて，宅地並み課税の適用除外措置を講じた。このため，生産緑地地区の指定は低調であった。

1980年代後半には，大都市地域を中心に地価が高騰し，大都市地域における宅地供給が行政上の重要課題となった。そのため，市街化区域内における農地を，積極的に活用した宅地供給の促進が求められた。一方，良好な生活環境を確保するため，残存する農地の計画的な保全の必要性が高まった。その結果，1992年に改正生産緑地法が施行され（以下，1992年改正生産緑地法という），市街化区域内農地を，宅地化するもの（以下，宅地化農地という）と保全するもの（以下，生産緑地という）とに明確に区分することとされた。

1992年の生産緑地法の改正の要点は，以下の5点である。すなわち①旧生産緑地法でいう第1種と第2種の生産緑地地区が統合されて，生産緑地地区として一本化されたこと，②土地の買い取り請求は指定後30年に改められたこと，③国および地方自治体の責務として，「公共空地の整備の現状および将来の見通しを勘案して，農地等の適正な保全を図ること」が追加されたこと，④指定要件に，「農林漁業と調和した都市環境の保全」が追加されたこと，⑤農地の規模は500m$^2$以上と大幅に見直されたこと，であった。また，1992年生産緑地法の改正に合わせて，税制が改正され，宅地化農地に対して，固定資産税の宅地並み課税が実施されることになった。

### （2）都市農業振興基本法制定に至るまで

その後，日本の総人口は，2004年をピークに減少に転じ，2020年代後半にはすべての都道府県で人口が減少すると予測されている（社会資本整備審議会都市計画・歴史的風土分科会都市計画部会都市政策の基本的な課題と方向検討小委員会，2009）。日本の社会・経済は，人口の減少や高齢化の進行等大きな転機を迎えている。このため，2009年以降，国においては，都市のあり方についての議論が活発に行われ，その一環として，都市における農業についても議論がなされた。

### 1）国土交通省における検討

2009年6月に，国土交通省が設置する社会資本整備審議会都市計画・歴史的風土分科会都市計画部会の「都市政策の基本的な課題と方向検討小委員会」は，人口減少・高齢化の進行，地球環境問題の深刻化，財政制約の高まり等の

社会経済状況の変化を踏まえ，徒歩・自転車や公共交通で日常生活が可能となるよう必要な都市機能が集約された都市構造の構築を目指したエコ・コンパクトシティの実現など，今後の都市政策の方向性をとりまとめた（社会資本整備審議会都市計画・歴史的風土分科会都市計画部会都市政策の基本的な課題と方向検討小委員会，2009）。

　これを受け，国土交通省は，今後の都市政策の諸課題に対応していくため，基本的法制度である都市計画制度の見直しに関する検討を目的として，2009年7月に，社会資本整備審議会の都市計画・歴史的風土分科会都市計画部会に都市計画制度小委員会を設置し，都市計画に関する諸制度の今後の展開について議論を開始した。2012年9月に，都市計画制度小委員会から「中間とりまとめ」が公表された。

　この「中間とりまとめ」では，基本的考え方として，都市計画の制度面，運用面において，「集約型都市構造化」と「都市と緑・農の共生」の双方が共に実現された都市を目指すべき都市像とするとされた。具体的な「都市と緑・農の共生」についての記述を引用すると，「集約型都市構造化を図るに当たっては，都市機能を集約するエリアに着目するばかりではなく，広く国土構造を捉えて対応する必要がある。水と緑は，その国土構造を構成する主要な要素であり，集約型都市構造化の実現のために，都市を支える流域圏や崖線などに存在するまとまった緑の保全を図ることが不可欠である。このようなまとまった緑は，ヒートアイランド現象の緩和や生物多様性の保全など都市環境の改善にも役立つものである。また，市街地の中心部にあっては，気候・風土の多様性や四季の変化が体感され，都市住民の心身を癒し，健康で文化的な生割を果たしているものとして都市内に一定程度の保全が図られることが重要であり，このような「都市と緑・農の共生」を目指すべきである。都市と緑・農の共生は，地球環境問題の対応策の一つであるのみならず，子育て世帯や高齢者など多世代にとって良好な居住環境が確保された住みよいまちづくりの実現を図ることにもなる。」としている（社会資本整備審議会都市計画・歴史的風土分科会都市計画部会都市計画制度小委員会，2012）。

　都市における農地に関する考え方が，1992年改正生産緑地法が施行された

1990 年台前半と比較して，都市計画行政の中で大きく様変わりしてきている
といえよう。

**2）農林水産省における検討**

　一方，国土交通省での検討と並行する形で，農林水産省では 2011 年 10 月に
都市農業の振興に関する検討会が設置された。これは，2010 年 3 月に閣議決
定された食料・農業・農村基本計画において「都市農業を守り，持続可能な振
興を図る」との基本的な考え方が示され，関連制度の見直しの検討と都市農業
振興のための具体的な取組の推進が求められたためとされている。都市農業の
振興に関する検討会では，都市農業・都市農地に関わる諸制度の見直しの検討
が議論され，2012 年 8 月に「中間取りまとめ」が公表された。この「中間取
りまとめ」では，今後の取組の進め方として，国民的理解の醸成，都市農業の
振興等のための取組の推進，1992 年改正生産緑地法等の諸制度の見直しの検
討があげられている（農林水産省都市農業の振興に関する検討会，2012）。

**3）従前の農林水産省等の一般的な農政における施策展開**

　日本の農政全般についてみると，政府は，1999 年施行の「食料・農業・農
村基本法（平成 11 年法律第 106 号）」第 21 条において，効率的かつ安定的な
農業経営体が太宗を占める農業構造の確立を目指すことを明記した。農林水産
省は 2005 年 11 月に「経営所得安定対策等大綱」を策定し，そこでは農業政策
を産業政策と地域政策に区分して体系化する観点から，産業政策として，効率
的かつ安定的な農業経営体の育成支援策である品目横断的経営安定対策を導入
するとともに，地域政策としての農地・水・環境保全向上対策を導入すること
とした。

　さらに，2007 年には，新たな農業経営所得安定対策の導入とともに，「農山
漁村の活性化のための定住等及び地域間交流の促進に関する法律（平成 19 年
法律第 48 号，農山漁村活性化法）」や「中小企業による地域産業資源を活用
した事業活動の促進に関する法律（平成 19 年法律第 39 号，地域資源活用促進
法）」を制定した。また，2008 年には「中小企業者と農林漁業者との連携によ
る事業活動の促進に関する法律（平成 20 年法律第 38 号, 農商工等連携促進法）
」がそれぞれ成立した。さらに「地域資源を活用した農林漁業者等による新事

業の創出等及び地域の農林水産物の利用促進に関する法律（平成 22 年法律第 67 号，六次産業化・地産地消法）」が公布された。これらの法律を整備することにより，六次産業化や農商工連携の施策の充実が図られてきている。

## （3）都市農業振興基本法の制定とそれ以降の動き

　都市農業・農地は，環境保全や防災，教育等の多面的機能（表 0-1）を有することから，都市において極めて重要なものとなってきており，2014 年 9 月 29 日から第 187 回国会（臨時会）が始まり，同国会では「都市農業振興基本法（仮称）」が議員立法される見込みとされていた（日本農業新聞，2014；日本経済新聞，2014）。しかし，第 187 回国会（臨時会）は，会期が 11 月 30 日までの 63 日間とされていたものの，11 月 21 日に衆議院が解散したため，参議院は閉会し，会期は 54 日間になった。この間に，「都市農業振興基本法（仮称）」は議員提案されなかったことから，同法案は国会審議されなかった。

　翌年の 2015 年 4 月 16 日に，第 189 回通常国会において「都市農業振興基本法（平成 27 年法律第 14 号）」が，議員立法により成立し，2015 年 4 月 22 日に公布された。全国の都市農業関係者が待ち望んだ基本法が制定されたといえよう。都市農業振興基本法における国等が講ずべき基本的施策を表 0-2 に示す。

　その後，1 年余が経過し，2016 年 5 月 13 日に同法第 9 条に基づいて政府が定める，都市農業の振興に関する施策の総合的かつ計画的な推進を図るための基本的な計画となる「都市農業振興基本計画」が閣議決定された。この基本計画では，例えば，市街化区域から市街化調整区域への逆線引きの促進，老朽化した建物のある土地の農地への転用など，従来にはみられなかった土地利用に

表 0-1　都市農業振興基本法第 3 条における都市農業の多面的機能

都市住民への地元産の新鮮な農産物の供給
都市における防災
良好な景観の形成ならびに国土および環境の保全
都市住民が身近に農作業に親しむとともに農業に関して学習することができる場の提供
都市農業を営む者と都市住民及び都市住民相互の交流の場の提供
都市住民の農業に対する理解の醸成など

表 0-2　都市農業振興基本法における国等が講ずべき基本的施策

① 農産物供給機能の向上，担い手の育成・確保
② 防災，良好な景観の形成，国土・環境保全等の機能の発揮
③ 的確な土地利用計画策定等のための施策
④ 都市農業のための利用が継続される土地に関する税制上の措置
⑤ 農産物の地元における消費の促進
⑥ 農作業を体験することができる環境の整備
⑦ 学校教育における農作業の体験の機会の充実
⑧ 国民の理解と関心の増進
⑨ 都市住民による農業に関する知識・技術の習得の促進
⑩ 調査研究の推進

資料：農林水産省・国土交通省（2015）「都市農業振興基本法パンフレット」から作成.

関する記述があり，政府が都市農業に関して根本的な転換を図ろうとしていることが伺われる。

　具体的には，都市農業振興基本計画では，農地の保全の観点から，「人口減少により人口密度の低下が見込まれる市街化区域内の地域においては，営農の継続が確実と認められ，将来にわたり保全することが適当な相当規模の農地を含む区域については，市街化調整区域への編入（逆線引き）を促進する。編入の結果，その周囲を市街化区域に囲まれることとなる場合であっても，地域における目指すべき市街地像と整合を図りつつ，逆線引きが検討されることが望ましい。」との記述である。また，新たに農地を確保する観点から，「都市農業の用に供される土地を新たに創出する観点も重要であり，低未利用地や老朽化した建物敷地等として利用されている土地を農地として復旧・活用することも検討していく必要がある。」との記述もある。

　今後，この基本計画を受け，同法第13条に基づき，政府および地方公共団体は「土地利用計画」を策定することとなる。この土地利用計画が今後の都市農地を保全していく上での鍵を握るものと推察される（石原，2015a）。坂本（2015）は，参議院の立法担当者として，意見の部分は個人の見解としつつ，第13条に基づく「必要な施策」は都市計画等の土地利用に関する制度における都市農業の位置付けの見直しを含むものであり，本法において極めて重要な意義を有する施策であるとしている。

その後，2017 年 3 月に生産緑地の指定期間延長の規定等を盛り込んだ生産緑地法の改正が行われた（詳細は第 10 章）。さらに，2018 年 3 月には都市農地の貸借の円滑化に関する法律案が閣法として上程され，同年 7 月に可決成立し，あわせて相続税納税猶予制度が改正されている（詳細は展望）。これらの法令が整備されたことで「土地利用計画」策定の準備が整うものと考えられる。


## 2. 従来の研究と本書の研究の位置付け

1990 年以降の地理学における生産緑地地区の指定，大都市地域における農業生産，六次産業化や農商工連携に関する研究の 2014 年までの動向を把握しよう。

まず，生産緑地法の改正以降の生産緑地地区を対象とした研究についてみると，Yamamoto（1996）は，東京大都市圏を対象として，生産緑地地区の指定率と都市農業の持続性の関係について考察している。この研究で具体的な土地利用調査を行っているのは，埼玉県三芳町であり，町であるため生産緑地法の対象地域にはなっていない。河邊（2001）は，埼玉県新座市を事例地域として生産緑地法改正前後の市街化区域内農地の土地利用転換に関する研究をしている。これによれば，生産緑地法の改正後，市街化区域内の農地は以前よりも活発に宅地や駐車場といった土地利用に転換され，これは改正生産緑地法による効果であると指摘している。石原（2007）は，東京都を事例地域として生産緑地地区指定は区市の政策が反映して地域的差異があることを指摘している。一方，森（2007）は，千葉県船橋市を事例地域として生産緑地地区の指定要因に専業農家と兼業農家のそれぞれの意向が反映していると考察している。

次に，大都市地域における農業を対象とした研究についてみよう。まず，首都圏を研究対象地域にしたものをみると，小林（1991）は，東京都江戸川区を事例地域として都市農業の特質と存立基盤を明らかにしている。菊地・鷹取（1999）は，東京都調布市下布田地区を事例地域として東京大都市圏の都市周縁部における農業的土地利用の変化と持続性について明らかにしている。鷹取

（2000）は，東京都練馬区西大泉地区を事例地域として，東京近郊における都市農業の多機能性システムを明らかにしている。小原（2004）は，埼玉県さいたま市東部高畑集落を事例として専業農家の持続性とその存立条件を考察している。これらの研究は農業的土地利用から考察したものといえよう。

水嶋（2003）は，東京都世田谷区を事例として都市農業の存続に向けた環境保全型農業の導入について考察している。宮地他（2003）は，東京都小平市を事例として改正生産緑地制度下における農業経営の新展開のための有機野菜生産の展開意義を考察している。菊地（2012a）は，千葉県富里市を事例として，有機野菜のフードシステムとそのフードツーリズムへの可能性を論じている。これらの研究は都市における環境保全型農業や有機農業の意義から考察したものといえよう。

両角（2005）は，東京都世田谷区を事例として，都市における花き農業生産者組織の地域的意義を考察している。高田（2011）は，東京都世田谷区を事例として，まちづくり・地域づくりの観点から食と農のまちづくりを論じている。宮地（2013）は，東京都稲城市を事例として，多摩川梨産地の現状を報告している。これらの研究は地域における営農集団や農協あるいは地方自治体等の取組から考察したものといえよう。

宮地（2006）は，東京都を事例として改正生産緑地法下の都市における農業の動態を，有機農産物の生産振興，稲城市の梨のブランド化の推進の取組，練馬区の農業体験農園の開設，共同農産物直売所の整備の観点から分析している。なお，池上（2000）は，東京都の特定市を対象として集落レベルでの農業類型区分を行っているが，生産緑地地区との関連での分析はなされていない。

次に，近畿圏をみると，古谷（2001）は，大阪府泉佐野市域における都市化に伴う近郊農業の変容を，また古谷（2003）は，大阪府泉南地域における農業の地域性と持続的性格を考察している。水元（2004）は，大阪府堺市における都市農業の成立と変容について考察している。次に，中京圏をみると，生産緑地法の特定市ではないが，愛知県豊橋市を事例として，つま物栽培について伊藤（1993a）によりその地域形成が，また伊藤（1993b）により地域的性格が明らかにされている。

次に，地理学における大都市地域における六次産業化や農商工連携に関する研究についてみよう。農産物直売所について，鷹取（1995）は埼玉県を研究対象地域として共同経営方式の農産物直売所の立地展開とその地域的性格を，多田（2009）は神奈川県鎌倉市を事例として，地元で生産した野菜を農産物共同直売所で販売するにあたっての農産物のブランド化の意義を考察している。市民農園について，河原他（2001）は京都府八幡市を中心として大都市近郊地域における市民農園の展開を，樋口（1999）は埼玉県川口市の見沼ふれあい農園の事例からその存立基盤について論じている。観光農園について，河原（1996）は京都府八幡市の観光農園を中心に，半澤他（2010）は東京都練馬区におけるブルーベリー観光農園の立地とその現状について考察している。なお，六次産業化や農商工連携に関連するものとして，Kikuchi（2008）は，東京大都市圏の都市周辺部におけるルーラリティの再生に関する論考の中で，東京都町田市の酪農家による乳製品加工の取組みについて，また菊地（2012b）は，神奈川県横浜市青葉区寺家地区を研究対象地域として，大都市近郊におけるルーラリティそのものの商品化について考察している。

　このように1990年以降の地理学研究をみると，生産緑地地区については改正生産緑地法施行後2000年台半ばまでに調査が行われており，2010年以降の状況は反映されていない。また，大都市地域における農業を対象とした研究についてみると，個別地域の農業の存続基盤や持続性を考察したものが多い。さらに，近年注目されている六次産業化や農商工連携に関する研究については，それほど多くの蓄積には至っていないものと思われる。


## 3. 都市農業研究の目的

　本書では，前記の状況を鑑み，日本の三大都市圏のうち首都圏の中心をなす東京都と近畿圏の中心をなす大阪府を主たる研究対象地域とし，1990年以降の都市農業の変化の地域的特性を把握するとともに，具体的な農業振興や農地保全の取組みについて把握することを目的とする。図0-1は2010年における

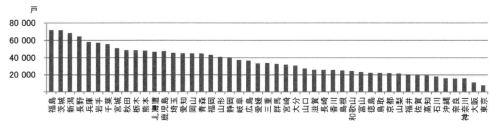

図 0-1 都道府県別販売農家戸数（2010 年）
資料：世界農林業センサス（2010 年）により作成.

表 0-3 三大都市圏における生産緑地地区面積の変化

| 年次 | | 1992 年 | | | 2011 年 | | |
|---|---|---|---|---|---|---|---|
| 大都市圏 | 都県名 | 市街化区域内農地面積 (ha) | うち生産緑地地区面積 (ha) | 指定率 (%) | 市街化区域内農地面積 (ha) | うち生産緑地地区面積 (ha) | 指定率 (%) |
| 東京 | 茨城県 | 682 | 59 | 8.7 | 378 | 78 | 20.6 |
| | 埼玉県 | 7,662 | 1,876 | 24.5 | 4,698 | 1,877 | 40.0 |
| | 千葉県 | 5,653 | 1,091 | 19.3 | 3,427 | 1,245 | 36.3 |
| | 東京都 | 7,520 | 3,983 | 53.0 | 4,467 | 3,472 | 77.7 |
| | 神奈川県 | 6,017 | 1,382 | 23.0 | 2,873 | 1,457 | 50.7 |
| 名古屋 | 愛知県 | 9,147 | 1,591 | 17.4 | 4,588 | 1,290 | 28.1 |
| | 三重県 | 1,090 | 270 | 24.8 | 641 | 209 | 32.6 |
| 京阪神 | 大阪府 | 6,062 | 2,479 | 40.9 | 1,430 | 897 | 62.7 |
| | 京都府 | 2,138 | 1,063 | 49.7 | 3,423 | 2,191 | 64.0 |
| | 奈良県 | 2,269 | 640 | 28.2 | 860 | 553 | 64.3 |
| | 兵庫県 | 1,711 | 616 | 36.0 | 1,505 | 627 | 41.7 |
| 合計 | | 49,951 | 15,050 | 30.1 | 29,200 | 13,896 | 47.6 |

資料：1992 年については各都県統計，2011 年については国土交通省土地・建設産業局土地市場課（2013）より作成.

都道府県別の農家戸数を示したものであり，都市化が進んでいる東京都が最も少なく，次いで大阪府が少ない。また，1992 年と 2011 年における三大都市圏における都府県別の市街化区域内農地と生産緑地地区の面積および指定率を表 0-3 に示した。1992 年における市街化区域内農地は愛知県が 9,147ha で最も大きく，次いで埼玉県の 7,662ha，東京都の 7,520ha の順となっていたが，生産

緑地地区面積および指定率はともに東京都が 3,983ha, 53.0％と最も大きくなっていた。2011 年における市街化区域内農地は埼玉県の 4,698ha が最も大きく，次いで愛知県の 4,588ha，東京都の 4,467ha の順となっているが，生産緑地地区面積および指定率はともに東京都が 3,472ha, 77.7％と最も大きくなっている。

　将来人口が減少していくことが予測される中で，東京都や大阪府の都市における農地としての土地利用が 1992 年改正生産緑地法の施行からどのように変化をしてきており，産業としての農業がどのように変化し，農業と都市住民との関わりがどのようになってきているか，2015 年の都市農業振興基本法の制定とそれ以降の 2017 年改正生産緑地法や 2018 年の都市農地の貸借の円滑化に関する法律の制定と相続税納税猶予制度の改正がこれまでの課題解消にどのようにつながるのかを整理しておくことは，今後の「土地利用計画」策定の参考になるものと考える。

［注］

1) 生産緑地法研究会（1991）によれば，旧生産緑地法は，都市計画の地域地区の一つとして，第 1 種生産緑地地区と第 2 種生産緑地地区を設定している．第 1 種生産緑地地区の指定要件は，次の 4 点であった．①公害または災害の防止等良好な生活環境確保に相当な効用があり，②公共施設等の敷地に供する土地として適していて，③ 1ha 以上の規模を有し，④営農可能な条件を備えている農地であることであり，これは永続的な指定効果を期している．なお，果樹や茶などの永年性作物に係る農地は 0.2ha 以上の規模とされた．第 2 種生産緑地指定地区の指定要件については第 1 種生産緑地指定地区の指定要件の①，②，④と同様である．この他に，⑤土地区画整理事業施行区域にあり，開発行為が行われた土地の区域内にある農地であり，⑥農地規模を 0.2ha 以上とし，指定は 10 年後に失効するものとしていた．

2) 特定市とは，東京都の特別区及び首都圏，近畿圏，中部圏（三大都市圏）の既成市街地および近郊整備地帯などに所在する市をいう．

［参考文献］

池上絵美子（2000）：都市周辺地域における農業類型区分－東京都特定市を事例として－．埼玉地理，24，11-19.

石原　肇（2007）：東京都における生産緑地地区指定の地域的特性．地域研究，47（2），17-34.

石原　肇（2015）：東京の農業　この10年，これからの10年－都市農業振興基本法の制定もふまえて－．地理，60（7），14-22.

伊藤貴啓（1993a）：愛知県豊橋市におけるつま物栽培地域の形成．地學雜誌，102，28-49

伊藤貴啓（1993b）：愛知県豊橋市におけるつま物栽培の地域的性格．地理学評論，66A，303-326.

小原規宏（2004）：東京大都市圏さいたま市東部高畑集落における専業農家の持続性とその存立条件．地理学評論，77，563-586.

河原典史（1996）：京都府における観光レクレーション型農業－八幡市の観光農園を中心に－．京都地域研究，11，64-75.

河原典史・石代吉史・最相準（2001）：大都市近郊地域における市民農園の展開－京都府八幡市を中心として－．京都地域研究，15，23-35.

河邊麻衣（2001）：生産緑地法改正にともなう市街化区域内農地の転用－新座市を事例として－．埼玉地理，25，1-8.

菊地俊夫・鷹取泰子（1999）：東京大都市圏の都市周縁部における農業的土地利用の変化と持続性－東京都調布市下布田地区の事例－．地域研究，40（1），1-16.

菊地俊夫（2012a）：有機野菜のフードシステムとそのフードツーリズムへの可能性－東京大都市近郊における農村再編の挑戦－．立教大学観光学部紀要，14，43-60.

菊地俊夫（2012b）：大都市近郊の横浜市青葉区寺家地区におけるルーラリティの商品化．観光科学研究，5，23-33.

国土交通省土地・建設産業局土地市場課（2013）：『平成24年度土地所有・利用概況調査報告書』国道交通省.

小林浩二（1991）：都市農業の特質と存立基盤－東京都江戸川区の事例－．岐阜大学教育学部研究報告人文科学，39，14-39.

坂本　光（2015）：都市農業の安定的な継続と良好な都市形成のために－都市農業振興基本法の制定－．時の法令，1984，30-45.

社会資本整備審議会都市計画・歴史的風土分科会都市計画部会都市政策の基本的な
　課題と方向検討小委員会（2009）：都市政策の基本的な課題と方向検討小委員会
　報告（http://www.mlit.go.jp/common/000043871.pdf（2013 年 12 月 31 日閲覧））

社会資本整備審議会都市計画・歴史的風土分科会都市計画部会都市計画制度小委
　員会（2012）：都市計画制度小委員会中間とりまとめ（http://www.mlit.go.jp/
　common/000222986.pdf（2013 年 12 月 31 日閲覧））

生産緑地法研究会（1991）：『生産緑地法の解説と運用』．ぎょうせい

高田明典（2011）：まちづくり・地域づくり（4）食と農のまちづくり－東京都世田
　谷区－．地理，56（8），10-16.

鷹取泰子（1995）：埼玉県における協同経営農産物直売所の立地展開とその地域的
　性格．埼玉地理，19，1-12.

鷹取泰子（2000）：東京近郊における都市農業の多機能性システム－東京都練馬区
　西大泉地区を事例として－．地學雜誌，109，401-417，2000.

多田快平（2009）：都市農業における流域ブランドの価値－神奈川県鎌倉市の「鎌
　倉野菜」を事例として－．立教大学地理学人類学研究，27，21-29.

東京都都市計画局・環境局自然環境部（2001）：『緑の東京計画』．東京都.

日本経済新聞（2014）：市農業の税負担軽減　自民，臨時国会に議員立法．2014 年
　8 月 30 日　号（http://www.nikkei.com/article/DGXLASFS30H0R_Q4A830C1PE8000/
　（2014 年 9 月 29 日閲覧））

日本農業新聞（2014）：都市農業守る新法　新たな理念吹き込もう．2014 年 8 月 24
　日号（http://www.agrinews.co.jp/modules/pico/index.php?content_id=29456（2014 年 9
　月 29 日閲覧））

農林水産省都市農業の振興に関する検討会（2012）：中間取りまとめ（http://www.
　maff.go.jp/j/nousin/nougyou/kentoukai/dai10/pdf/tosi_kento10_tmatome.pdf（2013 年 12
　月 31 日閲覧））

半澤早苗・杉浦芳夫・原山道子（2010）：東京都練馬区におけるブルーベリー観光
　農園の立地とその現状．観光科学研究，3，155-168.

水嶋一雄（2003）：都市農業の存続に向けた環境保全型農業の導入－東京都世田谷
　区の「有機農業研究会」について－．地理誌叢，44（1・2），1-20.

樋口めぐみ（1999）：日本における市民農園の存立基盤－川口市見沼ふれあい農園
　の事例から－．人文地理，51，291-304.

古谷和歳（2001）：大阪府泉佐野市域における都市化に伴う近郊農業の変容．和歌

山地理，21，37-50.

古谷和歳（2003）：大阪府泉南地域における農業の地域性と持続的性格．和歌山地理，23，11-24.

水元繁（2004）：堺市における都市農業の成立と変容．地域地理研究，9，30-41.

宮地忠幸・両角政彦・大嶋一雄（2003）：東京都小平市における有機野菜生産の展開意義－改正生産緑地制度下における農業経営の新展開－．日本大学文理学部自然科学研究所研究紀要，38，35-54.

宮地忠幸（2006）：改正生産緑地法下の都市農業の動態－東京都を事例として－．地理学報告，103，1-16.

宮地忠幸（2013）：多摩川梨産地のいま－稲城の梨は「幻の梨」－．地理，58（10），60-68

森裕也（2007）：生産緑地の指定要因－船橋市を事例に－．駒沢大学大学院地理学研究，35，69-81.

両角政彦（2005）：都市における農業生産者組織の地域的意義－東京都「世田谷花卉園芸組合」を事例に－．地理誌叢，47（1・2），62-77.

Kikuchi, T (2008)：Recent Progress in Japanese Geographical Studies on Sustainable Rural System；Focusing on Recreating Rurality in the Urban Fringe of the Tokyo Metropolitan Area. *Geographical review of Japan*, 81, 336-348.

Yamamoto, M. (1996)：Sustainability of Urban Agriculture in the Tokyo Metropolitan Area. In *Geographical Perspectives on Sustainable Rural Systems-Proceedings of the Tsukuba International Conference on the Sustainability of Rural Systems*, ed. H. Sasaki, I. Saito, A. Tabayashi and T. Morimoto, Kaisei, Tokyo, 262-269.

# Ⅰ 農家が耕すための振興策
## ― 東京都にみる市場出荷型産地の存続戦略

# 第1章　東京都における 1990 年以降の農業の変化

## 1．東京都の農業とその研究方法

　本章では，日本の三大都市圏のうち最も大きい首都圏の中心をなしている東京都を研究対象地域として，1990 年以降の都市における農業の変化を把握することを目的とする。この目的をふまえ，東京都の生産緑地法の特定市となっている 10 特別区（目黒区，大田区，世田谷区，中野区，杉並区，板橋区，練馬区，足立区，葛飾区，江戸川区）および多摩地域の 26 全市を研究対象地域とする。これらの 10 特別区と 26 市は 2008 年に改定された農林業センサスの農業地域類型別に照らすと，すべての区市が都市的地域に該当する。この他に都内の町村は，西多摩郡に 3 町 1 村，島しょ部に 2 町 7 村あるが，農林業センサスの農業地域類型別に照らすと，西多摩郡の瑞穂町の全域が都市的地域に，日の出町は一部区域が都市的地域に属するため，生産緑地法の特定市に該当はしないが，研究対象地域に含めることとする。研究対象地域を図 1-1 に示した。なお，他のすべての町村は農林業センサスの農業地域類型別の中間農業地域あるいは山間農業地域であること，また上記 10 特別区以外の 13 特別区には農地がないことから，いずれも対象外とする。

　各データについては，以下のとおり収集を行っている。経営耕地面積，農家戸数，農業生産額，作付面積等については，1990 年，2000 年，2010 年の世界農林業センサスのデータを使用し，一部について東京都産業労働局農林水産部のデータで補完している。なお，一部の事項については，2005 年の農林業センサスのデータも参考に用いている。市街化区域内農地面積，生産緑地地区面積については，1992 年，2002 年，2012 年の東京都都市整備局のデータを用いている。共同農産物直売所については，JA 東京都中央会や関係市の情報を参

図 1-1　研究対象地域

考にしている。観光農園については，JA 東京都中央会，各農協および各区市の情報を参考にしている。市民農園や農業体験農園については，東京都産業労働局農業振興事務所の公表データを用いている。東京都の行政施策の把握については，東京都産業労働局農業振興事務所の情報および関係文献を用いている。

　これらの情報を図あるいは表にすることで，1990 年以降の東京都の都市における農業の変化を把握する。なお，旧秋川市と旧五日市町は 1995 年に合併し，あきる野市に，旧保谷市と田無市は 2001 年に合併し，西東京市にそれぞれなっているが，1990 年以降の変化の把握を容易にするため，いずれの年についても合併後の市域で図示した。

## 2. 農業基盤の推移と農業経営の状況

　1990 年以降の農業の変化を把握するため，農業の基盤となる農地や農家の変化を把握しよう。1990 年，2000 年，2010 年の経営耕地面積の推移を図 1-2

第1章 東京都における1990年以降の農業の変化　19

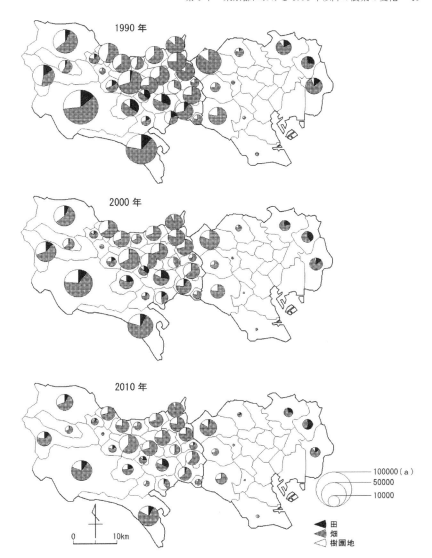

**図1-2　区市町村別の経営耕地面積（a）の変化（1990年，2000年，2010年）**
資料：1990年，2000年，2010年世界農林業センサスより作成．

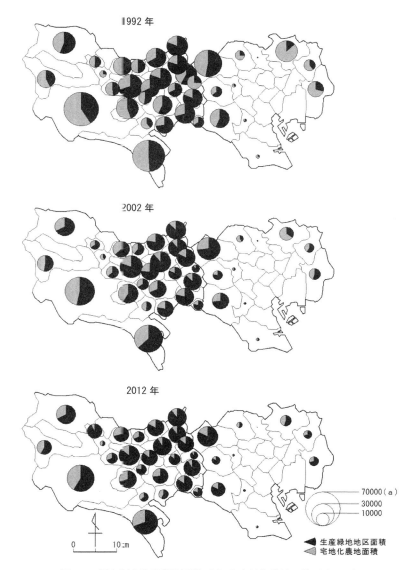

図 1-3  区市別の生産緑地面積 (a) と宅地化農地面積 (a) の変化
（1992 年，2002 年，2012 年）
資料：1992 年，2002 年，2012 年東京都資料より作成．

に区市町別に示した。いずれの区市町においても，大きく経営耕地面積を減少させている。図 1-3 に 1992 年，2002 年，2012 年の生産緑地地区面積と宅地化農地面積および生産緑地地区面積の割合を区市別に示した。ここでは，瑞穂町および日の出町は，生産緑地法の特定市ではないため，データはない。また，八王子市と立川市，青梅市，町田市，東大和市，武蔵村山市，あきる野市の 7市は，市域に市街化調整区域や農業振興地域等が存在し，市街化区域だけとはなっていない。これらの 7 市を除く市と 10 特別区は，すべての区市域が市街化区域内となっている。市街化区域内の農地の減少は，生産緑地地区面積は指定後にやや減少はしているものの大きく減少しておらず，宅地化農地の減少に大きく起因しているものと考えられる。

　次に，1990 年，2000 年，2010 年の農家戸数の推移を図 1-4 に区市町別に示した。いずれの区市町においても，大きく農家戸数を減少させている。しかし，専業農家や第 1 種兼業農家は一定程度の数を維持しており，ほとんどの区市町に中核的な農家が存在している。

　さらに，農産物販売金額 1 位の部門別農家戸数の推移を図 1-5 に区市町別に示した。部門別にみると，1990 年には，南多摩の稲城市を除く区市町において野菜の販売金額 1 位の農家戸数が最も多い。稲城市だけが，果樹の販売金額1 位の農家戸数が最も多い。この傾向は，2000 年および 2010 年においても同様である。また，1990 年から 2010 年にかけて，その他の作物や畜産の販売金額 1 位の農家戸数が減少してきている。都内の農家は，野菜や果樹あるいは花き農家の割合を高めてきているといえよう。


## 3．2010 年における農業関連事業等に関する状況

　ここで，近年注目されている六次産業化や農商工連携の取組みについてみよう。2010 年の世界農林業センサスにおける農業関連事業の数値を用い，消費者への直接販売の状況を区市町別にみたのが図 1-6 である。区部西部の各区，北多摩の中南部および南多摩の各市において，消費者への直接販売を行ってい

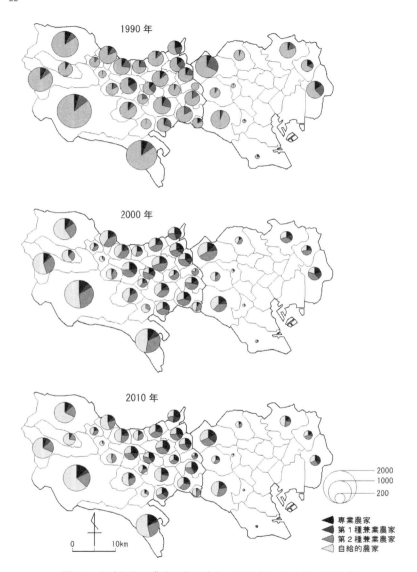

図 1-4　区市町別の農家戸数の変化（1990 年，2000 年，2010 年）
資料：1990 年，2000 年，2010 年世界農林業センサスより作成．

第 1 章 東京都における 1990 年以降の農業の変化 23

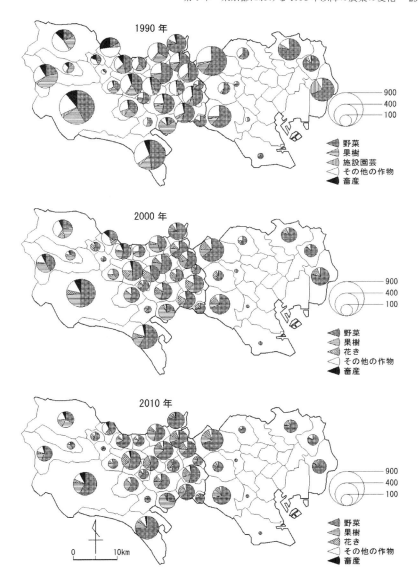

図 1-5 区市町別の販売 1 位品目別農家戸数の変化（1990 年, 2000 年, 2010 年）
資料：1990 年, 2000 年, 2010 年世界農林業センサスより作成.

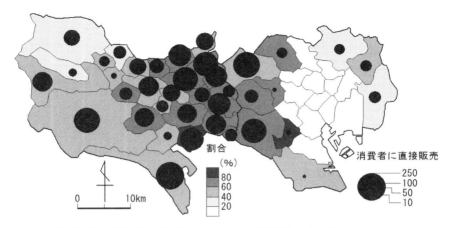

図1-6 区市町別の消費者に直接販売を行っている農家戸数とその割合（%）（2010年）
資料：2010年世界農林業センサスより作成.

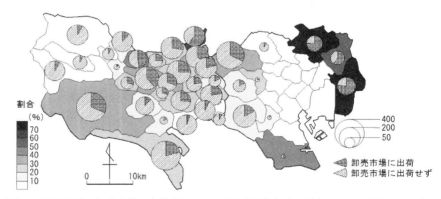

図1-7 区市町別の卸売市場に出荷を行っている農家戸数とその割合（%）の変化（2010年）
資料：2010年世界農林業センサスより作成.

る農家の割合が大きい．他方，区部東部の各区および北多摩北部の一部の市で消費者への直接販売を行っている農家の割合が小さい．2010年の卸売市場に出荷した農家の割合を示したのが図1-7である．区部東部の各区や北多摩北部の一部の市において卸売市場に出荷した農家の割合が大きい傾向にある．

図1-8は，2013年現在に整備されている共同農産物直売所の位置を示した

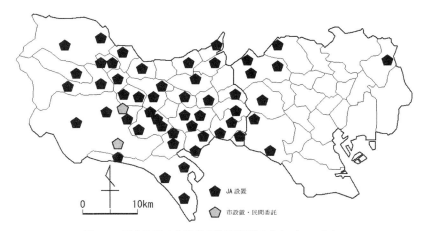

図 1-8　区市町村別の共同農産物直売所の分布（2011 年）
資料：JA 東京農産物直売所協議会・東京都農業協同組合中央会（2011）より作成．

ものである．1990 年に秋川市（現，あきる野市）に「秋川ファーマーズセンター」が整備されたのが，都内での共同農産物直売所の端緒となっている．もともと同地域は，とうもろこしの街道売りが盛んな地域であり，秋川渓谷等を訪れる観光客の集客を意図し，秋川市と秋川農協（現，JA あきがわ）によって整備された．1994 年には，練馬区で区部初の共同農産物直売所「こぐれ村」が大泉農協（現，JA 東京あおば）により整備されている．これらを契機として，各地で共同農産物直売所が立地するようになる．2011 年 10 月現在，共同農産物直売所のない区市町は，区部では足立区や江戸川区の他，農地の少ない大田区や目黒区，中野区の 5 区に及ぶが，市部では国立市や東大和市，西東京市の 3 市に過ぎない．他の区市町には少なくとも 1 ケ所の共同農産物直売所があり，多いところでは町田市のように市内に 4 ケ所の共同農産物直売所を有している場合もある．このように，都内においては，一般的に共同農産物直売所が整備されており，農家の農産物の販売先が確保されている状況にある．

　次に，2010 年における消費者への直接販売以外の農業関連事業の取組みである農産物の加工，貸農園・体験農園等，観光農園，農家レストランを行っている農家戸数の状況を区市町別にみたのが図 1-9 である．練馬区で農業関連事

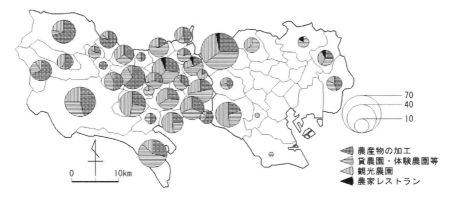

図 1-9 区市町別の農業関連事業（農産物の加工，貸農園・体験農園等，観光農園，農家レストラン）を行っている農家戸数（2010 年）
資料：2010 年世界農林業センサスより作成．

業の取組みを行っている農家戸数が最も多く，また上記 4 種のすべての取組みが行われている．この他に，葛飾区や小平市，西東京市の 3 区市においても，同様に上記 4 種のすべての取組みが行われている．取組み別にみると，西部の市町では，農産物の加工の取組みの割合が大きい傾向にある．区部と北多摩，南多摩の区市では，貸農園・体験農園等が行われている場合が多い．観光農園は，都内全域に多く分布している．農家レストランは，他の 3 つの取組みに比べ多くはない．なお，農家民宿は存在していない．

都市においては都市住民の農業を行いたい要望に応えるため，区市町では，市民農園の整備が行われてきていた．都内の区市町別に市民農園の設置数をみたのが図 1-10 である．特別区だけでなく，市町にも市民農園は設置されており，広く都市住民に農業を行いたい要望があることの表れと考えられる．

しかし，市民農園を区市町が設置することには，いくつかの課題がある．第 1 の課題は，区市町の管理・運営コストがかかることである．第 2 の課題は，農地を提供した農家に相続が発生した際，相続税納税猶予制度が適用されず，多額の相続税を納付する必要が生じ，農地の売却が免れないことである．これらの課題を克服するために，練馬区の農家，加藤義松と白石好孝により考案さ

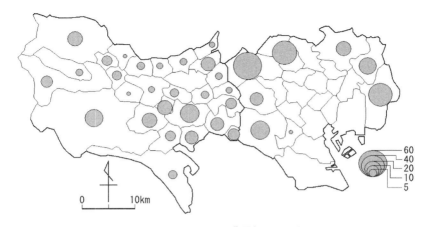

図 1-10　区市町別の市民農園数（2012 年）
資料：東京都産業労働局農業振興事務所 HP より作成.

れ，1996 年から開設されたのが農業体験農園である（原，2009）[1]。農業体験農園とは，八木（2008）によれば，農園の開設者である農家が料金を徴収して，一定期間，一般市民に農作業の一部を体験してもらう経営形態で，農地の肥培管理が行われ，作付計画と栽培計画の責任や収穫物の処分権が開設者である農家にあるものを指すとしている。また，八木（2008）は，市民農園との大きな違いは，農地の市民への貸出しではなく，農業経営の一形態として定義される点にあり，体験農園経営は，農業経営であるため，自作地であれば相続税猶予制度の対象となり，相続税支払に伴う農地の減少を回避可能であるとともに，農業経営者によって農地が一体的に管理される。そのため，維持管理や景観上の問題が生じにくいこと，利用者がすべての栽培管理を実施できなくても参加が可能なことといったメリットがあると指摘されている。

　ここで，都内の区市町別に農業体験農園の設置数をみたのが図 1-11 である。また，都内の農業体験農園の設置数の経年変化をみたのが図 1-12 である。すでに開設されている市民農園が相当数あることから，農業体験農園の設置数ははるかに及ばない。しかし，急速に農業体験農園の設置数は増加してきており，今後も拡大していくことが見込まれる[2]。

図 1-11　区市町別の農業体験農園数（2012 年）
資料：東京都産業労働局農業振興事務所 HP より作成.

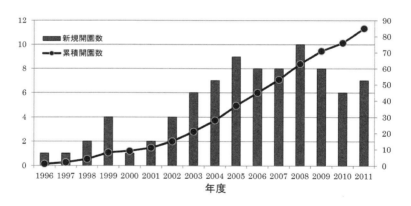

図 1-12　農業体験農園数の推移（1996 年度〜 2011 年度）
資料：東京都産業労働局農業振興事務所 HP より作成.

　近年，1990 年の世界農林業センサスでは主要品目として扱われていなかったブルーベリーの作付面積の拡大が顕著になっている。図 1-13 は，2007 年から 2011 年にかけての都内の主要果樹品目の作付面積の変化を示したものである。他の品目の作付面積が減少あるいは横這いであるのと比較して，ブルーベ

第1章 東京都における1990年以降の農業の変化　29

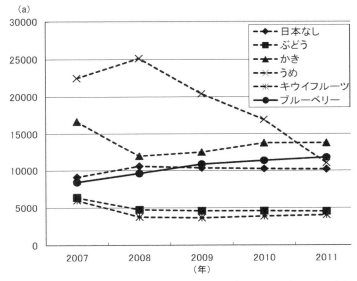

**図 1-13　都内の主要果樹品目の作付面積（a）の変化（2007年〜2011年）**
資料：東京都農作物生産状況調査結果報告書（各年産）より作成．

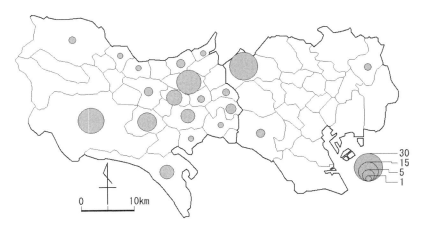

**図 1-14　区市町別のブルーベリー摘み取り農園数（2012年）**
資料：各区市町HPより作成．

リーの作付面積だけが拡大を続けている。図 1-14 は，2013 年における研究対象地域のブルーベリー摘み取り農園の分布である。

　小平市によれば，ブルーベリーが日本で初めて農産物として栽培されたのが小平市であるとされる（小平市産業振興農業振興係，2010）。1964 年に東京農工大学教授の岩垣駛夫が試験栽培を開始し（半澤他，2010），1968 年にその教え子である島村速雄が小平市花小金井南町において日本で初めて農産物としてのブルーベリー栽培を始めた（JA 東京むさし，2012）。1986 年に，青梅市の先見性を持った女性農業後継者である関塚直子が，10a の畑にブルーベリーの作付けを行い，摘み取り農園を開設し，1992 年には休憩所の施設整備も行っており，2008 年には 100a まで規模拡大を図っている（関塚，2008）。また，八王子市では，恩方・小津地区において，1999 年から 2003 年の 5 ケ年でブルーベリーの里作りを行い，26 農園が整備されるに至っている（八王子市産業振興部農林課，2013）。このように，ブルーベリーは，いくつかの市において経済栽培が可能であることが確認され，地域の住民が簡単に果実の摘み取りという農業体験をすることができること等から，都内の各地域に急速に普及し，摘み取り農園が増加してきている。

　東京都の都市で生産の多い野菜と果樹に着目し，それらの品目の変化から，野菜の直売やブルーベリーの摘み取り農園の増加，農業体験農園の増加という特徴的な事項を考察してきた。これらのことが，農業関連事業の消費者への直接販売，貸農園・体験農園等，観光農園の数が多く存在することにつながり，都道府県別にみた農業関連事業に取り組む農家の割合に関して，東京都が最も高いことにつながっているものと考えられる。

　ここで，東京都産業労働局が区市町を通じて行った補助事業の実施区市町とその内容を表 1-1 に示した。これによれば，東京都産業労働局は都市における農業経営を支援するための対策として，1998 年度から 2004 年度にかけて「活力ある農業経営育成事業」を，2005 年度から 2009 年度にかけて「魅力ある都市農業育成対策事業」，2010 年度から 2013 年度まで「都市農業経営パワーアップ事業」を実施し，農協による共同農産物直売所の整備，農家によるパイプハウス等の施設の整備，観光農園の整備，農産物加工施設の整備を支援してきて

表 1-1　東京都による補助事業の実施区市町と内容

| 地域 | 農協名 | 区市町名 | 1996 | 1997 | 1998 | 1999 | 2000 | 2001 | 2002 | 2003 | 2004 | 2005 | 2006 | 2007 | 2008 | 2009 | 2010 | 2011 | 2012 | 2013 |
|---|---|---|---|---|---|---|---|---|---|---|---|---|---|---|---|---|---|---|---|---|
| 区部 | JA東京スマイル | 江戸川区 | | | | | | | | | | | | | 施 | | | | | 施 |
| | | 葛飾区 | | | | 直 | 施 | 施 | 施 | 施 | 施 | 施 | 施 | 施 | 施 | 施 | 施 | 体 | 施 | |
| | | 足立区 | 生 | 生 | 生 | 直 | 直 | 生 | 生 | 施 | 生 | 施 | 直 | 生 | 生 | 施 | 体 | 体 | 施 | 施 |
| | JA東京あおば | 練馬区 | | | | | | | | | | 親 | 親 | | 施 | | 施 | | | |
| | | 板橋区 | | | | | | | | | | | | | | | 施 | | | |
| | JA東京中央 | 大田区 | | | | | | | | 生 | | | | 施 | | | | | | |
| | | 中野区 | | | | | | | | | | | | | | | 施 | | | |
| | | 杉並区 | | | | | | | | 施 | 施 | | | | | | | | | |
| | JA世田谷目黒 | 世田谷区 | | | | | | | | | | | | | | | | | | |
| | | 目黒区 | | | | | | | | | | | | | | | | | | |
| 北多摩 | JA東京むさし | 武蔵野市 | | | 親 | | | | | | | | | | | | 観 | | | 施 |
| | | 三鷹市 | | | | | | | | | 施 | 親 | | | 施 | 体 | 施 | 施 | 施 | 施 |
| | | 小金井市 | | | | | | 施 | 施 | 施 | 施 | 施 | 観 | | 施 | 施 | 施 | 施 | 施 | 施 |
| | | 小平市 | | | | | 施 | 施 | | | | | | | | | | | | |
| | | 国分寺市 | | | | | | | | | | | | | | | | | | |
| | JAマインズ | 調布市 | | | | | | | | | 施 | 施 | 観 | | 施 | | | 施 | | |
| | | 狛江市 | | | | | | | | 施 | 施 | 施 | | | | | | | 施・施 | 施 |
| | | 府中市 | | | | | 施 | 施 | 施 | 施 | | 施 | 施 | 施 | 施 | 施 | 施 | 施 | | 施 |
| | JA東京みらい | 西東京市 | | | | | | | | 施 | | | | | 施 | | | | | |
| | | 東久留米市 | | | | | | | | 施 | | 生 | 施 | 親 | 施 | | | | | |
| | | 東村山市 | | | | | | | | | | | | 施 | | | | | | |
| | | 清瀬市 | | | 施 | | | | | | | | 生 | | | | | | | |
| | JA東京みどり | 国立市 | | | | 施 | | | 施 | 施 | | | | | 施 | 施 | | | | |
| | | 昭島市 | | | 施 | | | | | 施 | | | | | 施 | 体 | | | | |
| | | 立川市 | | | | 施 | 施 | | | | | | | | | 施 | 施 | 施 | | |
| | | 東大和市 | | | | | | | | | | | | | | | | | | |
| | | 武蔵村山市 | | | | | | | | | | | 施 | | | | | | | |
| | JA八王子 | 八王子市 | | | 直 | 加 | 加 | 直 | 他 | 他 | 加 | | 直・加 | | 施 | 施 | 施 | 施 | 施 | 施 |
| | JA町田市 | 町田市 | | | 施 | | 施 | 施 | 施 | 施 | | 施 | | 施 | 施 | 施 | | | 施 | 施 |
| 南多摩 | JA東京みなみ | 日野市 | | | | 加 | 親 | 直 | 施 | | 加 | | 施 | | | | | | | 施 |
| | | 多摩市 | | | | | | | | | | | | | | | | | | |
| | | 稲城市 | | | | | | | | | | | | | | | 施 | 施 | 施 | 施 |
| 西多摩 | JA西東京 | 青梅市 | | | 他 | | 親 | | | 他 | | 他 | | 施 | 他 | 他 | 施 | | 施 | 他 |
| | JAにしたま | 福生市 | | | | 施 | 施 | | 施 | | 施 | 他 | 施 | 施 | 施 | 施 | | | | 施 |
| | | 羽村市 | | | | | 直 | 直 | 施 | 施 | 施 | | 観 | 観・他 | 施 | | | | | 施 |
| | | 瑞穂町 | | | | | | 施 | 施 | 施 | 施 | 施 | 施 | | | | 施 | 施 | | 施 |
| | JAあきがわ | あきる野市 | | | | 加 | | | 施 | | 他 | 他 | | | | | | 加 | 加 | 他 |
| | | 日の出町 | | | | | | | | | | | | | | | | | 他・他 | 他 |

**凡例**

農業経営対策事業　　直：共同農産物直売所の整備　　施：パイプハウス等の整備　　観：観光農園の整備
生産緑地保全整備事業　　体：農業体験農園の整備　　加：農産物加工施設の整備　　他：園芸以外の作物や畜産の生産施設の整備
生：生産緑地保全整備事業

資料：東京都産業労働局農林水産部農業振興課（2004, 2007），東京都産業労働局農業振興事務所 HP より作成．

いる。また，都市において区市町や農家が用水施設整備工や土留工，フェンス，防薬シャッター，防災井戸の整備等の基盤整備を行う事業を支援する「生産緑地保全整備事業」では，東京都産業労働局は 1996 年度から 2009 年度までの間，農業体験農園の整備を対象とし，区市町と農家の支援を行ってきている。この「生産緑地保全整備事業」は 2010 年度から「都市農業経営パワーアップ事業」へ統合され，引き続き農業体験農園の整備が支援されている。これらの事業は，従前は国の補助事業が都市における農業に対して一般的に行われないことから，東京都が独自の施策として行っている。

　六次産業化や農商工連携の取組みは，2000 年以降に注目され，国の農政においては施策化されてきている。東京都の都市における農業をみると，都市化が進んだことによる厳しい営農環境の中で農業生産を行うことがデメリットである半面，都市という消費地の中で農業生産を行うことは最大のメリットであると捉え，農家や農協が東京都の施策を活用し，20 年近くをかけて卸売市場での競争を避けた農産物の販売を実現してきた。それととともに，農業生産の一部あるいは農業生産の多くの部分を消費者である都市住民に委ねることが価値あることとし，それを提供するビジネスモデルとしてブルーベリー摘み取り農園のような観光農園や，農業体験農園の仕組みを構築してきたといえよう。


## 4. 東京都における農業の変化の性格

　本章では，1990 年から 2010 年にかけて，東京の都市における農業の変化の把握を試みた。

　その結果，以下のことが明らかになった。第 1 に，農業の基盤である経営耕地面積や農家数は大幅に減少しているが，生産緑地地区に指定された農地は，やや減少してはいるものの，一定程度維持されており，中核的農家も一定程度維持されていることである。第 2 に，農協が共同農産物直売所を整備することで，卸売市場を経由せず，消費者に直接販売する農家の割合が高くなってきていることである。第 3 に，ブルーベリー生産が増加しているように，観光農園

の整備が進められていることである。第4に，区市町が整備する市民農園よりも農家が取り組む農業体験農園の整備が進められてきていることである。

　このような東京の都市における農業の変化に関してみると，国が本来中山間地等の地域活性化を目指すとしている六次産業化や農商工連携の取組みの指標となっている農家の農業関連事業の取組みに照らすと，東京都が最も高い割合を示す結果となっている。このような結果をもたらした要因として，従前は国の補助事業が都市における農業に対して一般的に行われていないことから，東京都が独自の施策として行ってきた補助事業を農家や農協が活用して行ってきたことによるものと考えられる[3]。

［注］

1）佐藤（2011）は，農業体験農園の発祥地は神奈川県横浜市との見解を示している．

2）佐藤（2012）は，都市地域だけでなくても農業体験農園が農業経営として成り立つ可能性を示唆している．

3）東京都では，朝長（2013）によれば，産業振興の観点から「農業・農地を活かしたまちづくり事業」を実施していることが報告され，また大橋（2013）によれば，都市計画の観点から「農の風景育成地区」の取り組みが報告されている．国の議論を先取る形で東京都では事業が実施されてきており，今後さらなる新しい都市の農業が行われる可能性がある．

［参考文献］

大橋南海子（2013）：「農の風景育成地区」の取り組み－世田谷区喜多見4丁目地区検討会報告．都市農地とまちづくり，68，3-6.

小平市産業振興課農業振興係（2010）：ブルーベリーの栽培発祥の地とは（http：//www.city.kodaira.tokyo.jp/faq/014/014809.html（2013年12月31日閲覧））

佐藤忠恭（2011）：農業体験農園の起源および構成要素からみた定義の考察．農業経営研究，49（1），69-74.

佐藤忠恭（2012）：農業体験農園の立地と経営上の意義－市街化区域内外の比較分析－．農業経営研究，50（3），17-23.

JA東京農産物直売所協議会・東京都農業協同組合中央会（2011）：JA東京グループ農産物直売所map.

JA 東京むさし（2012）：農園で採れたての完熟ブルーベリーを味わおう！．むさし，19，2-7.

関塚直子（2008）：夢溢れる観光農園をめざして－「きれい・可愛い・快い」の3Kで－．まちと暮らし研究，3，6-9.

東京都産業労働局農業振興事務所（2010a）：「魅力ある都市農業育成対策事業」事業実績（平成17－21年度）（http：//www.agri.metro.tokyo.jp/files/miryoku-jisseki.PDF（2013年12月31日閲覧））

東京都産業労働局農業振興事務所（2010b）：「生産緑地保全整備事業」実績（平成6－21年度）（http：//www.agri.metro.tokyo.jp/files/powerup/seisan_hozen.pdf（2013年12月31日閲覧））

東京都産業労働局農業振興事務所（2012）：平成23年度市民農園等調査結果（平成24年3月末）（http：//www.agri.metro.tokyo.jp/about/agri_general/allotments/survey.html（2013年12月31日閲覧））

東京都産業労働局農業振興事務所（2013）：都市農業経営パワーアップ事業（http：//www.agri.metro.tokyo.jp/about/agri_general/powerup/index.html（2013年12月31日閲覧））

東京都産業労働局農林水産部農業振興課（2004）：活力ある農業経営育成事業実績集.

東京都産業労働局農林水産部農業振興課（2007）：活力ある農業経営育成事業実績集平成14年度－平成16年度.

朝長信次（2013）：東京都農業・農地を活かしたまちづくり事業について．都市農地とまちづくり，68，19-22.

八王子市産業振興部農林課（2013）：観光農業（つみ取り，もぎ取り）情報（http：//www.city.hachioji.tokyo.jp/sangyo/nogyo/011279.html（2013年12月31日閲覧））

原修吉（2009）：農業体験農園におけるナレッジマネジメント．農業経営研究，46（4），43-51.

半澤早苗・杉浦芳夫・原山道子（2010）：東京都練馬区におけるブルーベリー観光農園の立地とその現状．観光科学研究，3，155-168.

八木洋憲（2008）：都市農地における体験農園の経営分析－東京都内の事例を対象として－．農業経営研究，45（4），109-118.

# 第2章 東京都江戸川区のコマツナ産地

## 1. コマツナ産地とその研究方法

都市農業の市場出荷型産地を取り上げた小林（1991）は，東京都江戸川区を事例地域として，都市農業の特質として，強固な労働力を基盤にしてきわめて土地・労働集約的な農業が行われ，高い収入が達成されている条件が，①出荷市場が近くて出荷が容易であること，②さまざまな販売方法が可能なこと，③農業経営に関する新たな情報・サービスが得やすいこと，④自営兼業から安定的な収入を得られること，⑤大都市地域に立地していることで生活環境が良好なことの5点であることを明らかにした。また，小林（1993）は，東京都江戸川区と三鷹市を研究対象地域とし，都市農業をめぐる新しい動きとして，水耕栽培の活用への期待や生活の質の向上と都市農業の有利性，都市農業や農地を保持しようとする試みの増加をあげているが，1992年の改正生産緑地法施行による生産緑地指定率が30％あまりであったことをふまえ，宅地化農地が多いことから乱開発がいっそう促進されることを予想し，将来の都市農業の存続を憂慮している。その後，斎藤他（2001）は江戸川区のつまみな栽培が都市化の限界から茨城県南部へ伝播し，その契機が契約栽培であることを明らかにしている。

江戸川区を対象とした研究をみると，山崎（1981）は，江戸川区南端・堀江土地区画整理事業の展開を明らかにした上で，土地・農業問題について言及している。宮原（1986）は，江戸川区における緑地空間の変遷と分布特性を明らかにしている。坪井（2003）は江戸川区を対象地域として，都市化による水管理組織の変化と親水事業の進展を明らかにしている。このように，江戸川区を対象とした地理学研究は，都市化に伴う農業基盤である農地や水路に関するも

のであり，農地の減少を農業の脆弱化や緑地空間の減少として捉えたり，農村機能が減失していく中で農業用水路が公的管理に移り親水事業に展開していることを捉えたものである。

本稿で取り上げるコマツナは，江戸川区が発祥の地とされ，江戸時代から続く東京の伝統野菜である（青葉，1972）。また，コマツナは，いわゆる軟弱野菜と呼ばれる種類の代表的なものの一つであり，1960年台には輸送性の観点から都市近郊で栽培されるものと考えられていた（仲宇佐，1969）。しかし，コマツナの栄養価が高いことが注目され，1990年以降はコマツナの生産地が全国的に拡大する傾向にある（工藤，1997）。

そこで，本章では，市場出荷型のコマツナ産地である東京都江戸川区を研究対象地域として，産地としての存続戦略を明らかにすることを目的とする。江戸川区は都市農業を行っている地域の中で最も都市的な地域の一つであり，そのような地域において主要農産物である伝統野菜のコマツナの市場出荷型産地が維持されているためである。本章では，この研究目的を明らかにするために，研究対象地域である江戸川区における農地および農家戸数等の農業の基盤に関する変化を把握するとともに，主要農産物であるコマツナ生産に着目し，その変化を把握する。その上で，現状において江戸川区では，区や農協，農家がどのような対応をしてきたかを把握する。

江戸川区は東京都23区の東端に位置する（図2-1）。2010年の行政区域面積は49.86km$^2$で，東端には江戸川が流れて，千葉県に接し，南端では東京湾と接している。江戸川区は1932年に小岩町と松江町，小松川町，鹿本村，篠崎村，瑞江村，葛西村の7町村が合併して成立した。1920年から2010年までの，人口および人口密度の推移を図2-2に示した。1920年か

図2-1　研究対象地域

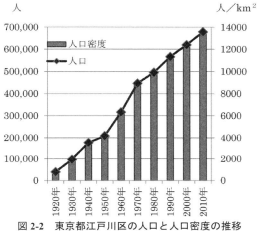

**図 2-2 東京都江戸川区の人口と人口密度の推移**
資料：国勢調査各年により作成．

ら1940年にかけて江戸川区の人口は急増し，1940年から1950年にかけては人口の増加は鈍化した．しかし，1950年から1970年にかけてここの人口はより急激に増加した．1970年以降2010年においても着実に人口は増加し続けている．この区の人口密度をみると，1950年に4,189人／$km^2$となっており，これは人口集中地区の要件に達している．1950年以降については4,000人／$km^2$を下まわることなく上昇し，2010年には13,617人／$km^2$となっている．

　本章において，江戸川区の農業に関する統計は，主に世界農林業センサスからデータを使用している．江戸川区の農業に関する計画および関連計画については江戸川区公表資料を，農協の取組みについてはJAスマイルの公表資料を，農家の取組みについては，江戸川区およびJAスマイルの公表資料をそれぞれ使用している．コマツナ生産に関する技術的革新に関しては，品種については主として園芸植物育種研究所編『蔬菜の新品種』各巻を使用し，農薬については主として『東京都病害虫防除基準』（現，『東京都病害虫防除指針』）各年を使用している．この他に，栽培方法等に関して東京都農業試験場（現，東京都農林総合研究センター）等の公表資料を参考にしている．

## 2. 江戸川区の農業基盤とコマツナ生産の推移

### （1）農業基盤の推移

　江戸川区の農業基盤の推移をみよう。1970年から2010年までの江戸川区の経営耕地面積の変化を表2-1に示した。1970年には760.7haの経営耕地面積があったものの，2010年には78.4haと規模を大きく減少させている。次に，改正生産緑地法施行に伴う影響を把握するため，生産緑地地区の指定状況を表2-2に示した。1992年の改正生産緑地法施行時の生産緑地地区面積は45.5haであり，指定を受けなかった宅地化農地面積は110.0ha，生産緑地地区指定率は29.2％となっている。2012年の生産緑地地区面積は39.1haであり，指定を受けなかった宅地化農地面積は15.8ha，生産緑地地区指定率は71.2％となっている。1992年から2012年にかけて，宅地化農地が大幅に減少し，生産緑地地区は1割強の減少に留まり，結果的に生産緑地地区指定率が高くなっている。

　次に，1970年から2010年までの専兼業別農家戸数の変化を表2-3に，経営耕地面積規模別農家戸数の変化を表2-4にそれぞれ示した。総農家戸数は

表2-1　江戸川区における経営耕地面積の推移（ha）

| 年 | 田 | 畑 | 樹園地 |
|---|---|---|---|
| 1970 | 457.2 | 307.9 | 0.1 |
| 1980 | 27.5 | 199.8 | 11 |
| 1990 | 30.7 | 174.6 | 13.2 |
| 2000 | 20 | 102.9 | 5.6 |
| 2010 | 11.7 | 59.1 | 7.6 |

資料：1970年，1980年，1990年，2000年，2010年
世界農林業センサスにより作成.

表2-2　江戸川区における生産緑地指定の状況

| 年 | 生産緑地地区面積（ha） | 宅地化農地面積（ha） | 生産緑地地区指定率（％） |
|---|---|---|---|
| 1992 | 45.4 | 110 | 29.2 |
| 2002 | 44.9 | 37.9 | 54.2 |
| 2012 | 39.1 | 15.8 | 71.2 |

資料：1992年，2002年，2012年東京都資料により作成.

第 2 章　東京都江戸川区のコマツナ産地　39

表 2-3　江戸川区における専兼業別農家戸数（戸）

| 年 | 総農家戸数 | 専業農家 | 第 1 種兼業農家 | 第 2 種兼業農家 | 自給的農家 |
|---|---|---|---|---|---|
| 1970 | 1,960 | 252 | 209 | 1,499 | ― |
| 1980 | 768 | 124 | 215 | 429 | ― |
| 1990 | 547 | 76 | 135 | 336 | ― |
| 2000 | 318 | 66 | 59 | 126 | 67 |
| 2010 | 220 | 62 | 23 | 64 | 71 |

資料：1970 年，1980 年，1990 年，2000 年，2010 年世界農林業センサスにより作成.

表 2-4　江戸川区における経営耕地面積規模別農家戸数（戸）

| 年 | 総数 | 0.3ha 未満 | 0.3 ～ 0.5ha | 0.5 ～ 1.0ha | 1.0 ～ 1.5ha | 1.5 ～ 2.0ha | 2.0 ～ 3.0ha | 3.0 ～ 5.0ha | 5.0ha ～ |
|---|---|---|---|---|---|---|---|---|---|
| 1970 | 1,960 | 891 | 490 | 502 | 66 | 2 | 1 | 1 | ― |
| 1980 | 768 | 451 | 180 | 114 | 14 | 4 | 4 | 1 | 0 |
| 1990 | 547 | 282 | 134 | 96 | 19 | 6 | 7 | 3 | 0 |
| 2000 | 318 | 172 | 77 | 47 | 9 | 5 | 6 | 2 | 0 |
| 2010 | 164 | 67 | 54 | 27 | 9 | 3 | 3 | 1 | 0 |

資料：1970 年，1980 年，1990 年，2000 年，2010 年世界農林業センサスにより作成.

1970 年に 1,960 戸であったが，1980 年には 768 戸，1990 年には 547 戸，2000 年には 251 戸，2010 年には 149 戸まで減少している。しかし，専業農家率をみると，1970 年にそれが 12.6％であったものが，1980 年には 16.1％，1990 年には 13.9％，2000 年には 20.7％，2010 年には 28.2％と上昇している。一方，表 2-4 からは 1970 年から 2010 年にかけて経営耕地面積規模の大きい農家が一定数あるものの，全体としては規模を縮小させつつ農業経営を行ってきているものと推察される。表 2-3 および表 2-4 からは，経営耕地面積規模が 0.3 ～ 0.5ha の農家において，その一部は専業農家として経営を行っていることが示唆される。これらのことから，江戸川区においては，改正生産緑地法の施行を控えた 1990 年の時点で多くの農家がどの程度の規模で農業を継続していくか，あるいは将来的に農業の継続を断念することを想定していたものと推察される。

## （2）コマツナ生産の推移

　1970 年から 2010 年までの農産物販売金額 1 位の部門別農家戸数の変化を表

表 2-5 江戸川区における農産物販売金額1位の部門別農家戸数（戸）

| 年 | 販売のあった農家戸数 | 稲作 | 麦類作 | 豆類・雑穀・いも類・ | 工芸農作物 | 施設園芸 | 露地野菜 | 施設野菜 | 果樹類 | 花き・花木 | その他の作物 |
|---|---|---|---|---|---|---|---|---|---|---|---|
| 1970 | 1,087 | 8 | 0 | 3 | 5 | 54 | 916 | 項目なし | 8 | 項目なし | 71 |
| 1980 | 641 | 5 | — | 7 | — | 49 | 518 | 項目なし | 2 | 項目なし | 58 |
| 1990 | 412 | 9 | — | 2 | 1 | 94 | 279 | 項目なし | 3 | 項目なし | 24 |
| 2000 | 243 | 6 | — | 3 | — | 項目なし | 106 | 86 | 1 | 36 | 5 |
| 2010 | 148 | 4 | — | — | 1 | 項目なし | 50 | 72 | 1 | 20 | — |

資料：1970年，1980年，1990年，2000年，2010年世界農林業センサスにより作成.

表 2-6 江戸川区におけるコマツナ栽培農家戸数の推移

| 年 | 面積（ha） | 収穫量（t） | 農家戸数（戸） |
|---|---|---|---|
| 1990 | 328 | 7,050 | 307 |
| 2000 | 270 | 4,860 | 138 |
| 2010 | 134 | 2,590 | 119 |

資料：1990年，2000年，2010年世界農林業センサスにより作成.

表 2-7 江戸川区における施設園芸に使用したハウス・ガラス室の面積規模別農家戸数（戸）

| 年 | 農家戸数（戸） | 面積（a） | 1a未満 | 1〜5a | 5〜10a | 10〜20a | 20〜30a | 30〜50a | 50a以上 |
|---|---|---|---|---|---|---|---|---|---|
| 1970 | 延べ88 | 308 | — | — | — | — | — | — | — |
| 1980 | 116 | 1,334 | 3 | 38 | 26 | 25 | 10 | 12 | 2 |
| 1990 | 135 | 2,559 | 3 | 8 | 38 | 30 | 29 | 21 | 6 |
| 2000 | 130 | 2,614 | 1 | 15 | 19 | 34 | 26 | 31 | 4 |
| 2010 | 99 | 1,973 | 4 | 11 | 11 | 23 | 22 | 25 | 3 |

資料：1970年，1980年，1990年，2000年，2010年世界農林業センサスにより作成.

2-5 に，1990 年から 2010 年までのコマツナ栽培農家戸数等の変化を表 2-6 に，1970 年から 2010 年までの施設園芸に使用したハウス・ガラス室の面積規模別農家戸数を表 2-7 にそれぞれ示した。1980 年から 2000 年にかけては，露地野菜が農産物販売金額 1 位である農家戸数が最も多かったが，2010 年には施設野菜が農産物販売金額 1 位である農家戸数が最も多く，次いで露地野菜のそれとなっている。また，1990 年から 2010 年にかけてコマツナ栽培農家の占める割合が高くなってきている。さらに，施設を保有する農家の割合は 1980 年から 2010 年にかけて常に高まり，2010 年においては約 7 割の農家が施設を保有するに至っている。

　次に，2010 年における農産物販売金額 1 位の出荷先別農家戸数を区部全体や市部全体と比較して示したのが表 2-8 である。江戸川区の卸売市場への出荷割合が区部全体や市部全体と比較して突出して大きい。

　さらに，コマツナ生産の状況をみよう。1980 年から 2012 年までの東京都内のコマツナ作付面積の推移をみたのが図 2-3 である。東京都内では，江戸川区が一貫して最も作付面積が広い。しかし，1994 年以降の作付面積は減少を続けている。この傾向は，江戸川区の北側に隣接する葛飾区や，さらにその北側に位置する足立区も同様であり，東京都中央卸売市場に多くのコマツナを出荷していた地域全体が作付面積を減少させてきている。

表 2-8　江戸川区における農産物販売金額 1 位の出荷先別農家戸数（2010 年）（戸）

| | 農産物の販売のあった農家の戸数 | 農産物販売金額 1 位の出荷先別 | | | | | | | 卸売市場に出荷した農家の割合（％） |
| --- | --- | --- | --- | --- | --- | --- | --- | --- | --- |
| | | 農協 | 農協以外の集出荷団体 | 卸売市場 | 小売業者 | 外食産業・食品製造業 | 消費者に直接販売 | その他 | |
| 江戸川区 | 148 | 8 | 2 | 102 | 8 | — | 20 | 8 | 68.9 |
| 区部全体 | 1,113 | 168 | 17 | 350 | 48 | 4 | 461 | 65 | 31.4 |
| 市部全体 | 4,434 | 676 | 197 | 748 | 283 | 28 | 2,212 | 290 | 16.9 |

資料：2010 年世界農林業センサスにより作成．

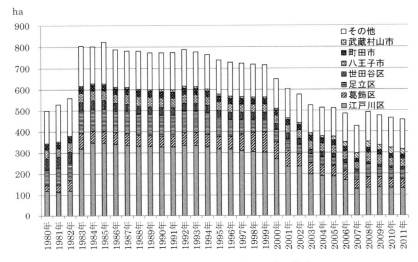

図 2-3 　東京都内のコマツナ作付面積の推移
資料：農林水産省東京農林水産統計年報（1980 年～ 2006 年），および東京都農作物生産状況調査結果報告書（2007 年～ 2011 年）により作成．

## （3）江戸川区のコマツナ生産を支える技術的革新

**1）栽培方法の変化**

　2010 年における江戸川区のコマツナ栽培をみると，その栽培期間が短いことから，吉村（2010）によれば，施設を利用し，年間で最大 7 ～ 8 回の作付けが行われている。このような周年栽培は，いつから可能になったのであろうか。
　コマツナの発祥は，野呂（2001）によれば，江戸時代の小松川村（現，江戸川区）であり，江戸，東京で育成，栽培され，消費も東京に限られた一地方品種に過ぎなかったとされ，収穫，出荷も 1955 年頃までは，年末年始の冬菜，春のウグイスナなどの名称で流通し，秋冬期にのみ栽培されていたとされている。1969 年当時，収入の過半をシュンギクやコマツナで上げる小物葉茎菜類専作経営が成立していたことを田村（1969）は明らかにしているが，夏季栽培に切れ目があり，これらを考えた経営設計に注意しなければならないとしてい

る。1975 年当時には，栗原他（1975）によれば，年間 4 〜 5 回の作付けがなされているとし，周年栽培を行う上での問題点の把握等を行うための試験をここ数年行っているとしている。その後，小林（1981）によれば，コマツナの作型を明示し，1981 年時点ではほとんど周年栽培されているとし，江戸川区や葛飾区，足立区，世田谷区で栽培が多く，年間露地栽培が可能であるが，冬期は品質が低下するのでトンネル栽培やハウス栽培が普通であるとしている。さらに，コマツナの周年栽培は小菅（1985）によれば，ハウスなどの施設内で行うことによって，いっそう作柄が安定するとしている。

このようにみてくると，コマツナ栽培は，露地栽培による秋冬期のみの栽培であったものが，小物葉茎菜類専作経営が出現し，周年栽培を行う上で冬季のトンネル栽培やハウス栽培が導入され，夏季対策もふまえたハウスにおける周年栽培に進展していったと考えられる[1]。

## 2）適用農薬の拡大と総合防除技術の確立

栽培方法の進展に伴い，病害虫への対応も課題となってきている。病害についてみると，堀江・菅田（1980）は，かつてコマツナは連作しても病害の発生がほとんどなかったが，1974 年頃から白さび病の発生が著しくなっていることを報告している。また，堀江他（1988）は，1974 年に日本で初めて江戸川区で炭そ病が発生したことを報告している。さらに，阿部・堀江（1995）は，1987 年に萎黄病が発生したことを報告している。他方，コマツナに対する害虫については，河合（1983）が報告している。

これらの病害虫への対応策として，農薬についてみよう。東京都病害虫防除基準をみると，1980 年に初めてコマツナ単独を対象とした農薬一覧が掲載されている。それまでは，ハクサイに準じた形あるいはサントウサイ・コマツナといった形で表記されている。しかし，1980 年以降も，コマツナについての登録農薬はなかったのが実情である。すなわち，農薬メーカーが農薬を開発し，生産して利益を上げるまでには膨大なコストがかかる。このため，当然のことながら，作付面積が広く，より多くの消費が期待される作目の農薬を開発し販売することになる。このため，一地方の伝統野菜であるコマツナを対象とした農薬については開発する魅力は乏しかったものと考えられる。

東京都は，コマツナを対象とした農薬の登録のための基礎試験を行ってきている。1985 年に初めてアオムシやコナガ，ヨトウムシに対しての殺虫剤「トアロー CT」が登録農薬として防除基準に掲載されている。次いで，1990 年に「ユーパレン水和剤」が白さび病や炭そ病，べと病に対しての殺菌剤として，初めて登録農薬として掲載されている。その後，徐々に登録農薬は増加し，2014 年には，11 種類の殺虫剤と 4 種類の殺菌剤が登録農薬として防除指針（防除基準から名称変更）に掲載されている。

一方で，1990 年代半ばから，農政上の課題として，環境保全型農業の推進が上げられてきており，登録農薬拡大の取組と並行して減農薬栽培に向けた技術開発も進められている。荒木（2010）によれば，コマツナの作付期間は比較的短いことから，後述する耐病性品種の使用，太陽熱による土壌消毒，被覆資材を用いた防虫などの要素技術が開発され，これらを組み合わせた総合管理防除方法が確立されている。

### 3）民間を中心とした品種改良

コマツナは東京の伝統野菜であることから，従来は，農家の自家採種や東京および周辺の種苗会社によって採取が行われ，系統選抜を行って品種を固定させた固定種であった。具体的には，「晩生黒葉冬緑」や「大晩生緑水」，「ごせき晩生」，「新晩生小松菜」などの品種である。

しかし，1978 年に（株）坂田種苗（現，（株）サカタのタネ）が一代交配品種の「みすぎ」を発表したことから，コマツナにおいても $F_1$ 品種が主流となる時代を迎えた。1985 年にはタキイ種苗（株）の「おそめ」をはじめ 4 品種が，1988 年には協和種苗（株）の「せいせん 7 号」をはじめ 4 品種が作出公表されている。「せいせん 7 号」は，萎黄病に抵抗性のある品種として初めて作出されている。その後は，病害抵抗性をもった新しい品種がコンスタントに作出されてきているとともに，出荷しやすいような草姿で葉折れがしにくい品種も作出され，2013 年までに 79 品種が掲載されるに至っている（図 2-4）。

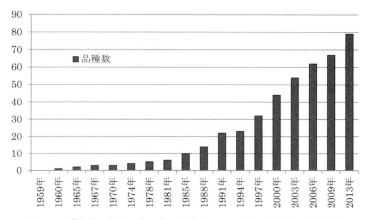

図 2-4 『蔬菜の新品種』に掲載されたコマツナの累積品種数の推移
資料：園芸植物育種研究所編『蔬菜の新品種』(1〜18巻) により作成.

## 3．江戸川区の行政と農協，農家の取組み

### (1) 行政計画の策定状況と農業の位置付け

　江戸川区では，コマツナ生産に対して，今後どのような対応を図ろうとしているのであろうか．地域政策としてどのように農業が考えられているかについて，また江戸川区の行政計画についてみていくことにしよう．

#### 1) 江戸川区基本構想

　地方自治法では，第2条第4項で「市町村は，その事務を処理するに当たっては，議会の議決を経てその地域における総合的かつ計画的な行政の運営を図るための基本構想を定め，これに即して行うようにしなければならない」と規定していた[2]．基本構想は，当該地方自治体のすべての計画の基本となる最上位計画であることから，まずは基本構想における農業の位置付けを確認しよう．

　江戸川区では，2002年に区議会の議決を経て『江戸川区基本構想』を策定するとともに，あわせて『江戸川区長期計画（基本計画)』を策定している．基本構想では，2020年頃の江戸川区のめざすべき将来都市像を，江戸川区のそれまでの歩みと特長，これからの時代の潮流を踏まえて，「創造性豊かな文

化はぐくむ，水辺と緑かがやく，安心と活力ある，生きる喜びを実感できる都市」としている。この将来都市像を実現するための基本目標として，「①人間性豊かに　未来を担う人が育つ　はつらつとしたまち，②学びと協働で　区民文化はぐくむ　ふれあいのまち，③すこやかに　安心して暮らせ　生涯活躍できる　いきいきとしたまち，④自然豊かな　地球環境にやさしい　やすらぎのまち，⑤都市と産業が共存共栄する　活力に満ちた　にぎわいのあるまち，⑥楽しい暮らしを支え安全快適で美しい魅力あふれるうるおいのまち」の6点が掲げられている。将来都市像と上記の基本目標を達成するために，基本的施策が基本目標に対応する形で記載されている。以下では本稿に関連する記述に着目することとする。

　最も関係する基本的施策として「活力を創造する産業づくり」があげられよう。この中で，「都市農業の継承」が位置付けられている。次に関係する基本的施策として「区民の暮らしを力づよく支えるまちづくり」があげられる。ここでは，「地域の魅力を高めるまちづくり」において農地について言及されている。さらに，「区民参加による環境づくり」も関係する基本的施策として考えられる。ここでは，「自然との共生・ふれあい」が関連している。さらに関係する基本的施策として「いきいきとした生活のための健康・福祉の社会づくり」もあげられよう。ここでは，区民の健康づくりのためにとして「食と住の安全性」が関連している。

## 2）江戸川区農業基本構想

　江戸川区では，基本構想・長期計画に沿い個別の行政計画がどのように策定されたのかについて考察しよう。まず，農業に関する計画としては，2009年2月に『江戸川区農業基本構想』が策定されている。策定にあたり，本構想は，農業経営基盤強化促進法第6条に基づき，江戸川区基本構想・長期計画の「活力を創造する産業づくり」の「都市農業の継承」における施策内容を担うものとし，また，江戸川区まちづくり基本プラン等との整合を図り策定するものとするとされている。

　具体的な農業の振興のための江戸川区の施策としては，①活力ある農業経営の育成を図る，②販売，流通の改善を図る，③地域住民とのふれあいの促進，

④農家との交流を深め農のあるまちづくりを推進する，⑤農地の保全・有効活用の5つの項目があげられている。具体的な事業としては，「活力ある農業経営の育成を図る」では，都市農業基盤整備事業・生産支援事業，特産葉茎野菜生産振興事業，農業先進地視察事業，農業経営講座，江戸川区産業賞（優良農業表彰），情報ネットワークの形成が列挙されている。「販売，流通の改善を図る」では，特産農産物直売事業，特産農産物ブランド確立事業，えどがわ農業産学公プロジェクトが列挙されている。「地域住民とのふれあいの促進」では，花の祭典などの各種イベントの開催・後援が，「農家との交流を深め農のあるまちづくりを推進する」では，農業ボランティアの育成や区民農園・ふれあい農園事業の実施が，「農地の保全・有効活用」では，『江戸川区の農地・生産緑地の保全のあり方に関する検討会』の設置がそれぞれ記載されている。

### 3）江戸川区みどりの基本計画

江戸川区のみどりの保全に関する計画としては，都市緑地法第4条に基づく緑の基本計画がある。江戸川区では，2002年5月に『江戸川区水と緑の行動指針（基本計画)』が策定されており，策定から10年以上が経過し，2013年4月に『江戸川区みどりの基本計画』が新たに策定されている。この計画では，地域特性を活かした江戸川区らしい個性あるみどりの保全や創出を推進し，区民と区が協働してみどりを活かしたまちづくりを行うための計画としている。また，江戸川区の将来都市像を示す「江戸川区基本構想」のもと，都市マスタープランである『街づくり基本プラン』などと連携を図るとともに，国や東京都の関連計画とも連携するとされている。なお，江戸川区では，環境基本法に基づく環境基本計画が策定されていないことから，自然環境の保全などについても，みどりの基本計画で対処しているものと考えられる。

この計画では，みどりを守る具体的な目標の一つに農地（生産緑地）の面積をあげ，現在38.5haを10年後に40haとし，農地（生産緑地）を守り，新たな農地の確保を目指すとしている。また，施策の体系をみると，将来像を「水・緑，ともに生きる豊かな暮らし」とし，そのための方針を11項目示し，そのうちの一つが「農を守り活用します」となっている。その施策の柱としては，①農地の保全と活用，②営農への支援，③農とのふれあいの機会の充実となってい

る。具体的な施策をみると，「農地の保全と活用」では，生産緑地地区の維持，農の風景育成地区の指定，農地の防災機能の周知，農地の公園用地としての活用となっている。「営農への支援」では，農業経営基盤強化への支援や農業ボランティアの派遣，営農困難農地のあっせん，農産物の直売支援となっている。「農とのふれあいの機会の充実」では，区民農園の充実やふれあい農園の促進，体験型農園の整備，学校農園の拡大，農業公園としての活用となっている。

### 4）江戸川区食育推進計画

　江戸川区の食育に関する計画としては，2009年3月に『江戸川区食育推進計画』が策定されている。この計画は，食育基本法第18条の規定に基づく「市町村食育推進計画」であり，江戸川区の特色を生かした食育の推進を図るための基本的な考え方と具体的な施策の展開が示されている。この計画では，食育の目指す姿と目標は，「進んで学んでみよう」，「わくわく作ってみよう」，「楽しく食べよう」とされている。この目標に向け，具体的な取組があげられており，取組は①啓発中心型，②体験中心型，③参画協働型の3つに分類されている。これらの中で農業に関連する取組としては，①啓発中心型では，「食文化の継承」として，日本の伝統ある食文化の継承を推進するため，子どものころから食文化を学び，ふれる機会を積極的に提供していくとしている。次に，②体験中心型では，「生産・調理の体験」として，区民農園や学校農園などで安全な農作物を栽培・収穫する体験や，その農作物を使った調理体験ができる機会を提供していくとしている。さらに，③参画協働型では，「地産地消の推進」として，江戸川区の代表的な農産物である小松菜を始めとした農作物の直売や小松菜関連商品の開発を通じてブランド化を確立し，地産地消を推進し，生産者と消費者との信頼関係を構築し，学校給食を通して食や農業への理解と関心を深めるとしている。

### 5）江戸川区の行政計画における農業の位置付け

　江戸川区の基本構想・長期計画と個別の計画に記載されている農業に関連する具体的施策の関係について図2-5に示した。江戸川区では，地方自治体の上位計画である長期構想・長期計画において，農業を産業振興の観点からだけでなく，まちづくりや自然との共生・ふれあいや食物の安全性とその教育といっ

基本構想・基本計画（2002年7月策定，目標年次は概ね2020年頃，根拠規定：地方自治法第2条第4項）

| | 1 人間性豊かに未来を担う人が育つはつらつとしたまち | 2 学びと協働で区民文化はぐくむふれあいのまち | 3 すこやかに安心して暮らせ生涯活躍できるいきいきとしたまち | | 4 自然豊かな地球環境にやさしいやすらぎのまち | 5 都市と産業が共存共栄する活力に満ちたにぎわいのあるまち | 6 楽しい暮らしを支え安全快適で美しい魅力があふれるうるおいのまち |
|---|---|---|---|---|---|---|---|
| 基本構想の基本目標 | I 未来を担う人づくり | II 学びと協働による区民文化づくり | III いきいきとした生活のための健康・福祉の社会づくり | | IV 区民参加による環境づくり | V 活力を創造する産業づくり | VI 区民の暮らしをカづよく支えるまちづくり |
| | | | 1）区民生活のための健康・福祉のために | 2）高齢の人々・障害のある人々のために | | | |
| 長期計画の基本的施策 | | | 5 食と住の安全性<br>健康食住の推進<br>①安全で健康な食生活の確保 | | 3 自然との共生・ふれあい<br>自然とのふれあいの拡大<br>⑤農地とのふれあい | 4 都市農業の展開<br>特色ある都市農業の展開<br>①生産環境の充実<br>②顔が見える農業の推進 | 3 地域の魅力を高めるまちづくり<br>水と緑のあるまちづくり<br>都市環境の充実<br>②緑の回廊の形成 |

個別計画

| | | | |
|---|---|---|---|
| 計画名 | 江戸川区食育推進計画 | 江戸川区農業基本構想 | 江戸川区みどりの基本計画 |
| 策定年月 | 2009年3月 | 2009年2月 | 2013年4月 |
| 計画期間 | 2009年度～2013年度 | 2008年度～2017年度 | 2013年度～2022年度 |
| 根拠規定 | 食育基本法第18条 | 農業経営基盤強化促進法第6条 | 都市緑地法第4条 |
| 施策 | 啓発中心型　食文化の継承<br>体験中心型　生産・調理の体験<br>参画協働型　地産地消の推進 | 活力ある農業経営の育成を図る<br>都市農業の育成事業・生産支援事業<br>特産果菜野菜生産振興事業<br>農業先進地視察事業<br>江戸川区産農業（優良農業表彰）<br>農業経営講座<br>情報ネットワークの形成<br>販売、流通の改善を図る<br>特産農産物直売事業<br>特産農産物ブランド確立事業<br>えどがわ農業産学公プロジェクト<br>地域住民とのふれあいの促進<br>花の祭典などの各種イベントの開催・後援<br>農業者との交流を深め農のあるまちづくりを推進する<br>区民農園・ふれあい農園事業の実施<br>農地の保全・有効活用<br>江戸川区の農地・生産緑地の保全のあり方に関する検討会の設置 | 農地の保全と活用<br>生産緑地地区の維持<br>農の風景育成地区の指定<br>農地の防災機能の周知<br>農地の公園用地としての活用<br>営農への支援<br>農業経営基盤強化への支援<br>農業ボランティアの派遣<br>営農困難農地のあっせん<br>農産物の直売支援<br>農地とのふれあい機会の充実<br>区民農園の充実<br>ふれあい農園の促進<br>体験型農園の整備<br>学校農園の拡大<br>農業公園としての活用 |

図2-5　江戸川区の行政計画における農業に関連する施策

資料：『江戸川区基本構想・基本計画』(2002)，『江戸川区食育推進計画』(2009)，『江戸川区農業基本構想』(2009)，『江戸川区みどりの基本計画』.

た観点からも位置付けがなされている。

さらに，個別計画をみると，農業振興を図るための『農業基本構想』は当然のこととして，『みどりの基本計画』や『食育推進計画』においても農業に踏み込んだ記載がみられるのが特徴といえよう。これは，上位計画である基本構想・長期計画の中に農業振興がきちんとした位置付けを与えられており，その基本構想・長期計画に沿う形で個別計画が策定されているからであると考えられる。農業振興は江戸川区をあげての政策課題となっているといえよう。

### （2）農業振興施策の推移

江戸川区では，実際にどのような農業振興施策が取り組まれてきたかについてみよう。1984 年から 2012 年までの施策の推移を図 2-6 に示した。

農業振興策の一つとして農産物品評会が毎年開催されている。また，江戸川区はかつて水田の多くあった地域であることから，水田対策の事業が名称を変え 2004 年まで実施されてきていた。

生産振興についてみると，江戸川区の農家は畑作物としては施設栽培を主体とすることから，1985 年度に江戸川区は東京都の補助金を導入し，都市地域農業生産団地育成対策を実施している。これを契機に 1986 年度から毎年，江戸川区は区の単独経費で都市農業育成事業を実施し，生産施設と流通関連施設の整備に関する補助を毎年実施してきている。この事業は，1994 年度から，生産施設と流通関連施設の整備に関する補助だけでなく，堆肥等の生産に関する資材に対する補助も行うようになってきている。これは，1995 年度まで，土壌消毒に係る資材を助成していた土壌病害虫防除の事業に変わり，堆肥施用等による土づくりに重点を移したことによるものと考えられる。

次に，流通をみると，2002 年に農産物ロゴマーク（図 2-7）の作成を行い，以降，そのロゴマークを用いた結束テープなどを使用し，コマツナの市場出荷を行っている。また，市場出荷型産地であるものの，都市において営農を継続するためには，地域住民の理解が不可欠であり，一部の農家は，市場出荷ではなく，個人での庭先販売を行っている場合もある。江戸川区は，個人の庭先販売のマップ作成を行っている。

| 施策　　　　　　　　　　年 | 1984 | 85 | 86 | 87 | 88 | 89 | 90 | 91 | 92 | 93 | 94 | 95 | 96 | 97 | 98 | 99 | 2000 | 01 | 02 | 03 | 04 | 05 | 06 | 07 | 08 | 09 | 10 | 11 | 12 |
|---|---|---|---|---|---|---|---|---|---|---|---|---|---|---|---|---|---|---|---|---|---|---|---|---|---|---|---|---|---|
| 農業体験発表会 | ○ | ○ | ○ | ○ | ○ | ○ | ○ | | | | | | | | | | | | | | | | | | | | | | |
| 農産物品評会 | ○ | ○ | ○ | ○ | ○ | ○ | ○ | ○ | ○ | ○ | ○ | ○ | ○ | ○ | ○ | ○ | ○ | ○ | ○ | ○ | ○ | ○ | ○ | ○ | ○ | ○ | ○ | ○ | ○ |
| 区民農園設置事業 | ○ | ○ | ○ | ○ | ○ | ○ | ○ | ○ | ○ | ○ | ○ | ○ | ○ | ○ | ○ | ○ | ○ | ○ | ○ | ○ | ○ | ○ | ○ | ○ | ○ | ○ | ○ | ○ | ○ |
| 区民農園・ふれあい農園事業 | ○ | ○ | ○ | ○ | ○ | ○ | ○ | ○ | ○ | ○ | ○ | ○ | ○ | ○ | ○ | ○ | ○ | ○ | ○ | ○ | ○ | ○ | ○ | ○ | ○ | ○ | ○ | ○ | ○ |
| 水田利用再編対策 | ○ | ○ | ○ | | | | | | | | | | | | | | | | | | | | | | | | | | |
| 水田農業確立対策 | | | | ○ | ○ | ○ | ○ | ○ | ○ | | | | | | | | | | | | | | | | | | | | |
| 水田農業活性化対策 | | | | | | | | ○ | ○ | ○ | ○ | | | | | | | | | | | | | | | | | | |
| 新生産調整推進対策 | | | | | | | | | | ○ | ○ | ○ | ○ | ○ | | | | | | | | | | | | | | | |
| 緊急生産調整経営確立対策 | | | | | | | | | | | | | | | ○ | | | | | | | | | | | | | | |
| 水田農業経営確立対策 | | | | | | | | | | | | | | | | ○ | ○ | ○ | | | ○ | | | | | | | | |
| 土壌病害虫防除 | ○ | ○ | ○ | ○ | ○ | ○ | ○ | ○ | ○ | ○ | ○ | | | | | | | | | | | | | | | | | | |
| 都市地域農地育成対策 | | ○ | | | | | | | | | | | | | | | | | | | | | | | | | | | |
| 都市農業育成事業 | | | ○ | ○ | ○ | ○ | ○ | ○ | ○ | ○ | | | | | | | | | | | | | | | | | | | |
| 都市農業育成事業（生産基盤及び流通関連等の施設整備事業） | | | | | | | | | | | ○ | ○ | ○ | ○ | ○ | ○ | ○ | ○ | ○ | ○ | ○ | ○ | ○ | ○ | ○ | ○ | ○ | ○ | ○ |
| 都市農業育成事業（生産支援事業） | | | | | | | | | | | ○ | ○ | ○ | ○ | ○ | ○ | ○ | ○ | ○ | ○ | ○ | ○ | ○ | ○ | ○ | ○ | ○ | ○ | ○ |
| 次世代農業後継者交流会 | | | | | | | | | | | | ○ | ○ | ○ | | | | | | | | | | | | | | | |
| 特産農産物直売事業 | | | | | | | | | | | | | | | | | | | ○ | ○ | ○ | ○ | ○ | ○ | ○ | ○ | ○ | ○ | ○ |
| 特産農産物ブランド確立事業 | | | | | | | | | | | | | | | | | | | | ○ | ○ | ○ | ○ | ○ | ○ | ○ | ○ | ○ | ○ |
| ホームページの開設 | | | | | | | | | | | | | | | | | | | | | | ○ | ○ | ○ | ○ | ○ | ○ | ○ | ○ |
| 江戸川農産産学公プロジェクトの発足 | | | | | | | | | | | | | | | | | | | | | | ○ | ○ | ○ | ○ | ○ | ○ | ○ | ○ |
| 全校一斉小松菜給食の実施 | | | | | | | | | | | | | | | | | | | | | | | | ○ | ○ | | | | |
| 農業振興融資制度 | | | | | | | | | | | | | | | | | | | | | | | | ○ | ○ | ○ | ○ | ○ | ○ |
| 江戸川区農業基本構想の策定 | | | | | | | | | | | | | | | | | | | | | | | | | ○ | | | | |
| 認定農業者の認定 | | | | | | | | | | | | | | | | | | | | | | | | | ○ | ○ | ○ | ○ | ○ |

**図 2-6　江戸川区の農業振興施策の推移**

資料：江戸川区事務事業報告書（各年度）により作成.

図 2-7 江戸川区のロゴマーク
出典：江戸川区ホームページより引用．

次に，農業経営体の強化の観点をみると，2009 年に農業基本構想を策定したことから，認定農業者の認定を開始している。2013 年 4 月には 42 名が認定農業者としての認定を受けている。

一方で，江戸川区では市場出荷以外の面での振興策についても施策を行っている。区民の都市農業への理解を促すため，1975 年度から区民農園設置事業を実施し，区民に農園を提供してきている。1995 年度からは，区民農園に加え，ふれあい農園事業を開始し，児童・生徒の農業体験の機会を提供している。なお，江戸川区では，農業体験農園の整備促進を行っており，2014 年度から江戸川区においてこれまでなかった農業体験農園が開設されるに至っている。

### (3) 江戸川区の特徴的な農業に対する取組

江戸川区での農業に対する特徴的な取組みについてみよう。まず，小中学校の全校一斉コマツナ給食の日の実施である。この取組みは，JA スマイル江戸川支部青年部により発案され，実行されてきている。この取組みが評価され，江戸川区の教育部局では，学校給食におけるコマツナの活用を定着化させており，毎年全小中学校でコマツナ給食の日を設定するに至っている。この取組みは，他の区と比較して先進的であり，いち早く自区内農産物使用学校数 100％を達成している（図 2-8）。また，学校教育では，小学校 3 年生の社会科の教科書副読本でコマツナ栽培農家を取り上げている。

このような取組みから，子ども世代を通じて親の世代まで江戸川区の伝統野菜であるコマツナを生活の中に浸透させるとともに，農家以外の区民への都市農業の現状の理解を促している。また，江戸川区のコマツナ生産農家の多くは市場出荷を行っているが，地産地消の推進という社会的意義ある活動を行っていく上で，小中学校は安定した出荷先であり，農家にとっても一定程度のメリッ

第 2 章 東京都江戸川区のコマツナ産地 53

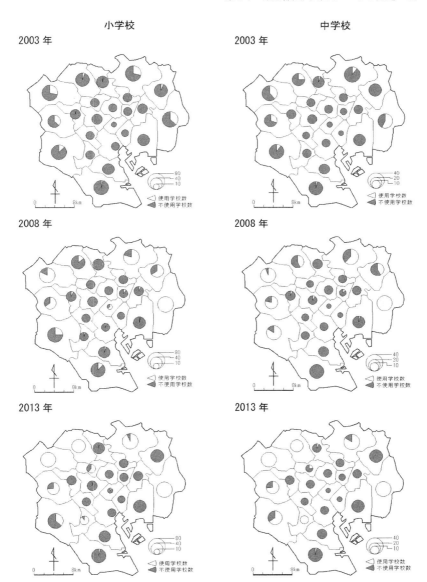

図 2-8 学校給食における自区内農産物の使用学校数の推移
資料：東京都における学校給食の実態（各年度）により作成.

トがある取組みとなっている。


## 4. 江戸川区におけるコマツナ産地の性格

本章では，東京都江戸川区を研究対象地域として，1990年以降のコマツナ生産を主体とする市場出荷型都市農業の存続状況を考察してきた。1990年以降，江戸川区のコマツナの市場出荷型産地は，都市化と改正生産緑地法施行による宅地化農地の減少やそれらに伴う農家や生産量が減少する中で，産地としての維持が図られてきている。その方策として，以下の点が明らかとなった。

まず，江戸川区は区内の都市農業を継承していくことを区の基本構想・長期計画に位置付け，この上位計画に沿って，農業振興基本構想はもとより，みどりの基本計画や食育推進計画など，他の行政分野の計画においても農業・農地を明確に位置付け，全区的な取組として農業振興を行っていることである。

次に，農家・農協・行政が連携し，市場出荷型産地としての農業振興を図るとともに，市場出荷型産地であっても地域住民との交流を進める事業を行っていることである。

さらに，教育の観点からの取組である，区内小中学校全校でのコマツナ給食の日の実施や小学校3・4年生社会科の副読本におけるコマツナ栽培農家の記載がなされていることである。区の伝統的な産業としての農業を，食育や社会科教育を通じて，児童・生徒に理解を促す取組は極めて重要な施策であるものと考える。

これらの取組みを通じて，江戸川区の市場出荷型産地としてのコマツナ栽培は今後も継続していくものと思われる。


[注]
1) 本章の研究対象地域では，施設内で年8作という周年栽培が行われるようになり，作付け前の耕運回数の増加により，粉状化と言われる土壌の物理性の悪化が課題となってきたことから，野呂・石原（1996）や野呂他（1997）によるコマツナの

不耕起栽培に関する研究も行われている.

2）2011 年 5 月 2 日に「地方自治法の一部を改正する法律」が公布され，基本構想の法的な策定義務はなくなっている.


[参考文献]

青葉　高（1972）：都市近郊の短期葉菜としてのツケナ栽培.『農業技術大系　野菜編』農山漁村文化協会，7 ツケナ類，44-47.

阿部善三郎・堀江博道（1995）：コマツナ萎黄病に関する研究.東京都農業試験場研究報告，26，23-49.

荒木俊光（2010）：新資材等を活用した都市軟弱野菜の省農薬・高品質生産技術の開発.農業技術，65（4・5），129-142.

河合省三（1983）：江東地区におけるコマツナの害虫相と被害対策.東京都農業試験場研究報告，16，129-160.

工藤徹男（1997）：軟弱野菜の市場流通動向.東京近郊野菜技術研究会『軟弱野菜の新技術』農山漁村文化協会，68-70.

栗原茂次・高橋洋二・岩見直明（1975）：軟弱野菜の周年栽培技術.農業および園芸，50，1029-1035.

小林浩二（1991）：都市農業の特質と存立基盤－東京都江戸川区の事例.岐阜大学教育学部研究報告人文科学，39，14-39.

小林浩二（1993）：都市農業のゆくえ.岐阜大学教育学部研究報告　人文科学，42（1），1-16.

小林五郎（1981）：東京都における軟弱野菜の栽培と問題点.農業および園芸，56，437-442.

斎藤　功・佐々木　緑・大森祐美（2001）：茨城県南部へのつまみ菜の伝播と契約栽培－近郊農業の転移現象.筑波大学人文地理学研究，25，101-123.

田村光一郎（1969）：軟弱そ菜の経営タイプ.東京近郊そ菜技術研究会『軟弱野菜の栽培と経営』誠文堂新光社，9-15.

坪井塑太郎（2003）：都市化による水管理組織の変化と親水事業－東京都江戸川区を事例として.人文地理，55，515-531.

仲宇佐達也（1969）：軟弱そ菜の輸送性と包装.東京近郊そ菜技術研究会『軟弱野菜の栽培と経営』誠文堂新光社，16-22.

野呂孝史（2001）：植物としての特性と品種の変遷.『農業技術大系　野菜編』農

山漁村文化協会，7 ツケナ類：追録 26 号　56 の 3 の 2-56 の 3 の 5.

野呂孝史・石原　肇（1996）：不耕起栽培における春・夏まきコマツナの生育．園芸学会雑誌別冊，65（1），272-273.

野呂孝史・都田紘志・加藤哲郎（1997）：不耕起栽培における鎮圧がコマツナの生育におよぼす影響．園芸学会雑誌別冊，66（1），346-347.

堀江博道・菅田重雄（1980）：コマツナ白さび病の生態．東京都農業試験場研究報告，13，31-47.

# 第3章 東京都東村山市の花壇苗産地

## 1. 花壇苗産地とその研究方法

2010年における東京都の栽培面積をみると野菜が最も多く，次いで果樹，花きの順となっており，集約的な園芸が主体となっている。最も集約的な栽培は軟弱野菜類においてみられ，その中でも最たるものであるコマツナの栽培が東京都江戸川区では戦略的に取り組まれ，現在でも市場出荷型産地として存続していることを前章でみてきた。軟弱野菜であるコマツナ栽培と同様に，東京都内でみられる高度に集約的な栽培が行われている作目としては花き栽培のうちの花壇苗生産があげられよう。

日本における花き生産は，第二次世界大戦後に急速な発展を遂げた作目の一つである。切り花の輸入増加や栽培農家の減少等を背景に，1998年をピークに全品目を通じて減少傾向にある（農林水産省，2014）ものの，現在，日本の農業の基幹作物の一つとして位置付けられている。2014年6月には花きの振興に関する法律（平成26年法律第102号）が制定され，引き続き日本の農業における主要な農産物の位置を占めていくことが期待されている。花き生産は切り花と球根，鉢物，花壇苗に大別されるが，戦後急増する花き生産の主力は切り花や鉢物であった。1990年頃からはガーデニングブームをきっかけに花壇苗生産が全国的に多くなった（宮部，1999）。しかし，ガーデニングブームが収束した2000年以降，花壇苗の需要は減少し，花壇苗の需給は飽和状態に移行しているといわれる（宮部，2010）。そのような状況にありながらも，花壇苗の大消費地である東京都においては，都内での花壇苗生産が引き続き行われてきている。

本章の研究対象地域である東村山市のある東京都における花き園芸地域研究

をみよう[1]。当麻（1956）は東京都江戸川区鹿骨地区における鉢物栽培の存続条件が遠郊地域との競争が生じていないことであると考察するとともに，この地域が都市化を受ければ鉢物栽培地域は他の地域に移動するであろうと予測している。佐々木（1969）は東京都足立区の都市化に伴う農業の変質を論じる中で花き栽培の状況を記述し，切り花栽培が盛んであるものの，やがてはガラス温室などの施設園芸や鉢物に変わっていくであろうと推測している。澤田・阿部（1970）は，東京都世田谷区における温室村と呼ばれる花き生産地域の形成とその後の衰退過程を明らかにしている。佐々木（1990）は、東京都檜原村の冷涼な気候を利用したシクラメンの鉢上げ栽培の成立過程とその後の衰退を報告している。両角（2004）は東京都世田谷区の世田谷花卉園芸組合を対象として、都市における農業生産者組織の意義を考察している。

　次に，本章の研究対象地域である東京都の近郊にあたる地域における花き園芸地域研究をみよう[2]。澤田は東京都の南側に隣接する神奈川県川崎市の鉢物栽培（澤田，1980），平塚市の施設花き栽培（澤田，1978），秦野市の切り花栽培（澤田，1972）など、花き園芸地域の形成を明らかにする研究を行ってきている。次に，埼玉県では，深谷市を研究対象地域として，澤田（1982）が鉢物栽培の花き園芸地域の形成を，両角（2000）が法人経営の鉢物生産の存立形態をそれぞれ明らかにしている。また，鴻巣市を研究対象地域として，秋池（1986）が花き園芸地域の発展を，斎藤（1995）が鉢物花き栽培の持続的発展をそれぞれ考察し，深瀬は鉢物・花壇苗生産の特徴を明らかにするとともに（深瀬，2006），花きの市場価格が低迷する中での鉢物・花壇苗産地の対応を明らかにしている（深瀬，2008）。さらに，池上（1997）は浦和市（現，さいたま市）を対象に花きの生産状況を把握している。千葉県では，富田他（2002）が，千倉町を研究対象地域として，完新世段丘面の土壌の諸特性と花きの栽培品目との対応関係を考察している。

　このように，近年の東京都内の花き園芸に関する地理学研究では，東京都世田谷区の花き生産組織を研究対象とした両角（2004）の研究，花壇苗生産に着目した地理学研究は埼玉県鴻巣市を研究対象地域とした深瀬（2006）と深瀬（2008）の研究がみられるだけで[3]，都市農業の存続が議論され，2015年4月

に都市農業振興基本法が施行された時点において，東京都内の花壇苗生産に着目することの意義は大きいものと考える。

そこで，本章では，大都市における市場出荷型産地の存続に係る問題意識をさらに花き栽培に展開させ，日本の最大都市である東京都で花壇苗生産が最も盛んに行われている東村山市を研究対象地域として，農業生産にとってさまざまな阻害要因がある大都市の中で，花壇苗産地がどのように存続してきているかを明らかにすることを目的とする。

東村山市は東京都の北西部に位置し，荒川から多摩川にかけて広がる洪積層である武蔵野台地のほぼ中心部にある（図3-1）。市域の北西部分には狭山丘陵があり，北東の荒川方向にゆるやかに下がっている。2010年の行政区域面積は17.17km$^2$で，行政区画でいうと，北は狭山丘陵・柳瀬川によって埼玉県所沢市に，東から南東は清瀬市，東久留米市，南は小平市そして西は東大和市に接している。東村山市は，1889年に久米川村と南秋津村，大岱村，廻田村，野口村の5村が合併して東村山村となり，その後1942年に町制が施行され，さらに1964年に市制が施行され，現在に至っている。現在，市域ではJR武蔵野線と西武鉄道各線が縦横に走り，中央部では新青梅街道と府中街道が交差

図3-1　研究対象地域

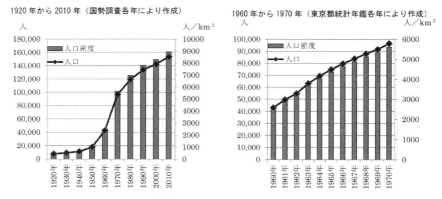

図 3-2　東京都東村山市の人口と人口密度の推移

している。1920 年から 2010 年までの，人口および人口密度の推移を図 3-2 に示した。1950 年から 1970 年にかけて東村山市の人口は急増し，1970 年以降は人口の増加はやや鈍化したものの，2010 年まで着実に人口は増加し続けている[4]。東村山市の人口密度をみると，1970 年に 5,623 人／km$^2$ となっている。そこで 1960 年から 1970 年までの人口および人口密度の推移も図 3-2 に示した。1964 年に 4,043 人／km$^2$ となっており，この年に人口集中地区の要件に達しており，市制が施行されている。1964 年以降については，4,000 人／km$^2$ を下まわることなく上昇し，2010 年には 8,943 人／km$^2$ となっている。

　本章では，東村山市の農業に関する統計については，主に世界農林業センサスからデータを，補足的に東村山市統計のデータを使用している。東村山市の農業に関する計画および関連計画については東村山市公表資料を，農家の取組については東京都や東村山市などの公表資料をそれぞれ使用している。花壇苗生産に関する品種や栽培技術に関しては，主として東京都農業試験場（現，東京都農林総合研究センター）などの公表資料を参考にしている。

## 2. 東村山市の農業基盤と花壇苗生産の推移

### (1) 農業基盤の推移

東村山市の農業基盤の推移をみよう。1970 年から 2010 年までの東村山市の経営耕地面積の変化を表 3-1 に示した。1970 年には 427.8ha の経営耕地面積があったものの，2010 年には 122.8ha となり，規模を大きく減少させている。次に，改正生産緑地法施行に伴う影響を把握するため，生産緑地地区の指定状況を表 3-2 に示した。1992 年の改正生産緑地法施行時の生産緑地地区面積は 159.4ha であり，指定を受けなかった宅地化農地面積は 79.4ha，生産緑地地区指定率は 66.8％となっている。2012 年の生産緑地地区面積は 141.6ha であり，指定を受けなかった宅地化農地面積は 29.1ha，生産緑地地区指定率は 83.0％となっている。1992 年から 2012 年にかけて，宅地化農地が大幅に減少し，生産緑地地区は 1 割強の減少に留まり，結果的に生産緑地地区指定率が高くなっている。

次に，1970 年から 2010 年までの専兼業別農家戸数の変化を表 3-3 に，経営

表 3-1　東村山市における経営耕地面積（ha）の推移

| 年 | 田 | 畑 | 樹園地 |
|---|---|---|---|
| 1970 | 14.2 | 349.9 | 63.7 |
| 1980 | 3.5 | 198 | 101.5 |
| 1990 | 1 | 163.9 | 97.8 |
| 2000 | 0.6 | 136.8 | 42.3 |
| 2010 | 0.5 | 83.8 | 38.5 |

資料：1970 年，1980 年，1990 年，2000 年，2010 年
世界農林業センサスにより作成.

表 3-2　東村山市における生産緑地指定の状況

| 年 | 生産緑地地区<br>面積（ha） | 宅地化農地<br>面積（ha） | 生産緑地地区<br>指定率（％） |
|---|---|---|---|
| 1992 | 159.4 | 79.4 | 66.8 |
| 2002 | 152.6 | 43.2 | 77.9 |
| 2012 | 141.6 | 29.1 | 83.0 |

資料：1992 年，2002 年，2012 年東京都資料により作成.

表 3-3　東村山市における専兼業別農家戸数（戸）

| 年 | 総農家戸数 | 専業農家 | 第 1 種兼業農家 | 第 2 種兼業農家 | 自給的農家 |
|---|---|---|---|---|---|
| 1970 | 631 | 148 | 138 | 345 | — |
| 1980 | 554 | 33 | 104 | 417 | — |
| 1990 | 434 | 23 | 36 | 375 | — |
| 2000 | 357 | 40 | 45 | 153 | 119 |
| 2010 | 319 | 43 | 47 | 121 | 108 |

資料:1970 年, 1980 年, 1990 年, 2000 年, 2010 年世界農林業センサスにより作成.

表 3-4　東村山市における経営耕地面積規模別農家戸数（戸）

| 年 | 総数 | 0.3ha未満 | 0.3 〜0.5ha | 0.5 〜1.0ha | 1.0 〜1.5ha | 1.5 〜2.0ha | 2.0 〜3.0ha | 3.0 〜5.0ha | 5.0ha〜 |
|---|---|---|---|---|---|---|---|---|---|
| 1970 | 631 | 200 | 106 | 179 | 99 | 23 | 12 | 2 | — |
| 1980 | 554 | 215 | 101 | 149 | 61 | 20 | 6 | 2 | 0 |
| 1990 | 434 | 141 | 87 | 128 | 49 | 21 | 6 | 2 | 0 |
| 2000 | 357 | 139 | 72 | 95 | 32 | 18 | 1 | 0 | 0 |
| 2010 | 249 | 58 | 65 | 88 | 26 | 12 | 0 | 0 | 0 |

資料：1970 年, 1980 年, 1990 年, 2000 年, 2010 年世界農林業センサスにより作成.

耕地面積規模別農家戸数の変化を表 3-4 にそれぞれ示した。総農家戸数は 1970年に 631 戸であったが，1980 年には 554 戸，1990 年には 434 戸，2000 年には357 戸，2010 年には 319 戸まで減少している。しかし，専業農家率をみると，1970 年にそれが 23.5％であったものが，1980 年には 6.0％，1990 年には 5.3％と低下したが，その後 2000 年には 11.2％，2010 年には 13.5％と上昇してきている。表 3-4 からは 1970 年から 2010 年にかけて経営耕地面積規模の大きい農家が一定数あるものの，全体としては規模を縮小させつつ農業経営を行ってきているものと推察される。これらのことから，東村山市においては，改正生産緑地法の施行後 10 年程度は，経営耕地面積と農家戸数の減少が顕著であったが，2000 年以降はそれらの減少は鈍化傾向にあるものと推察される。

　1970 年から 2010 年までの農産物販売金額 1 位の部門別農家数の変化を表3-5 に，農作物作付面積（ha）の推移を表 3-6 に，施設園芸に使用したハウス・ガラス室の面積規模別農家数を表 3-7 にそれぞれ示した。東村山市では 1970

第 3 章　東京都東村山市の花壇苗産地　　63

表 3-5　東村山市における農産物販売金額 1 位の部門別農家戸数（戸）

| 年 | 販売のあった農家戸数 | 稲作 | 麦類作 | 豆類・雑穀・いも類・ | 工芸農作物 | 施設園芸 | 露地野菜 | 施設野菜 | 果樹類 | 花き・花木 | その他の作物 | 畜産 |
|---|---|---|---|---|---|---|---|---|---|---|---|---|
| 1970 | 522 | 4 | 49 | 291 | 32 | 2 | 80 | * | 34 | * | 16 | 54 |
| 1980 | 411 | — | — | 160 | 21 | 8 | 89 | * | 88 | * | 37 | 10 |
| 1990 | 303 | — | — | 73 | 11 | 9 | 103 | * | 74 | * | 33 | 2 |
| 2000 | 232 | — | — | 27 | 3 | * | 90 | 14 | 65 | 18 | 15 | 0 |
| 2010 | 229 | 1 | 0 | 23 | — | * | 113 | 11 | 57 | 21 | 3 | 0 |

資料：1970 年，1980 年，1990 年，2000 年，2010 年世界農林業センサスにより作成.
注：＊は項目なし.

表 3-6　東村山市における農作物作付面積（ha）の推移

| 年 | 米穀類 | いも類 | 根菜類 | 果菜類 | 葉茎菜類 | 果樹 | 植木・苗木 |
|---|---|---|---|---|---|---|---|
| 1980 | 7.7 | 83.7 | 44.1 | 8.5 | 30.1 | 60.3 | 29.2 |
| 1990 | 1.9 | 46.4 | 40.4 | 9.2 | 31.7 | 55.3 | 24.8 |
| 2000 | 0.6 | 28.9 | 32 | 7.6 | 33.1 | 40 | 24.6 |
| 2010 | 2 | 20.4 | 18.1 | 7.3 | 22.9 | 36.3 | 11.8 |

資料：1980 年，1990 年，2000 年，2010 年東村山市統計書により作成.

表 3-7　東村山市における施設園芸に使用したハウス・ガラス室の面積規模別農家戸数（戸）

| 年 | 農家戸数（戸） | 面積（a） | 1a未満 | 1〜5a | 5〜10a | 10〜20a | 20〜30a | 30〜50a | 50a以上 |
|---|---|---|---|---|---|---|---|---|---|
| 1970 | 延べ 8 | 14 | — | — | — | — | — | — | — |
| 1980 | 16 | 75 | 4 | 4 | 6 | 2 | 0 | 0 | 0 |
| 1990 | 35 | 197 | 4 | 15 | 6 | 10 | 0 | 0 | 0 |
| 2000 | 66 | 359 | 14 | 23 | 21 | 5 | 3 | 0 | 0 |
| 2010 | 68 | 453 | 16 | 21 | 15 | 12 | 3 | 1 | 0 |

資料：1970 年，1980 年，1990 年，2000 年，2010 年世界農林業センサスにより作成.

から 1980 年にかけては，いも類の栽培や畜産が盛んに行われていたが，1980年以降は野菜や果樹の栽培が盛んになってきたことが伺われる。施設園芸は，1980 年までにもみられたが，規模を大きくしてきたのは 1990 年以降となって

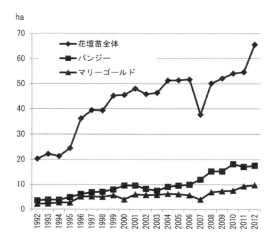

**図 3-3　東京都内の花壇苗作付面積の推移（ha）（1992 年〜2012 年）**
資料：東京都青果物・花き生産区市町村別統計表（平成 8 年産〜平成 18 年産）・東京都農作物生産状況調査（平成 19 年産〜平成 24 年産）により作成．

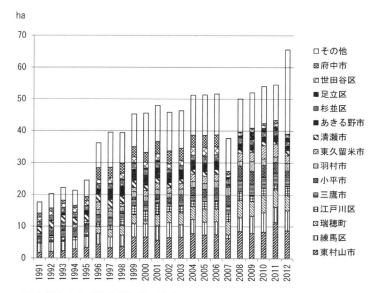

**図 3-4　東京都内の花壇苗作付面積の推移（ha）と主要区市町の内訳（1991 年〜2012 年）**
資料：わたしのまちの農業（平成 3 年版〜平成 7 年版），東京都青果物・花き生産区市町村別統計表（平成 8 年産〜平成 18 年産）・東京都農作物生産状況調査（平成 19 年産〜平成 24 年産）により作成．

第3章　東京都東村山市の花壇苗産地　65

花壇苗生産経営体数

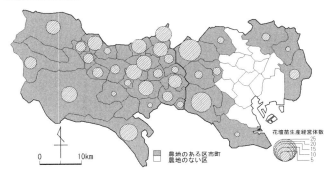

一経営体当たり作付面積

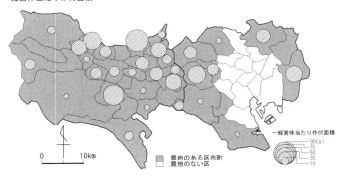

一経営体当たり出荷量

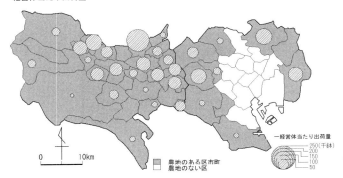

図3-5　東京都内の区市町別花壇苗生産状況（2010年）
資料：2010年世界農林業センサス・東京都農作物生産状況調査（平成24年産）により作成．

いる。

## （2）花壇苗生産の推移

次に，花壇苗生産の状況をみよう。1992年から2012年までの東京都内の花壇苗の作付面積の推移をみたのが図3-3である。この間，東京都内では花壇苗の作付面積は，ほぼ右肩上がりに増加してきている。1992年から2012年までの東京都内の花壇苗作付面積の推移と主要区市町の内訳を図3-4に示した。また，図3-5に2012年における東京都内の区市町ごとの花壇苗生産の状況を示した。東村山市の花壇苗生産が突出していることがわかる。

ここで1992年以前の都内の花き生産の状況を確認しておこう。1983年に東京都労働経済局農林水産部農芸緑生課は，当時の都内の園芸特産の状況を記載した『東京の園芸特産』を刊行しており，花き園芸の概況についても22頁に渡り記載されている。この中で1980年の花きの品目別・地域別の生産量が示されている（表3-8）。これによれば，1980年当時の花き生産の最も主要な品目は鉢物であり，次いで切花であり，花壇苗はそれほど大きな割合を占めていない。また，花き生産の主要な地域は区部であり，次いで北多摩，南多摩，西多摩の順となっている。花壇苗生産の規模もこの順であり，西多摩においては花壇苗生産の記載はない。

また，『東京の園芸特産』の中で，花きの産地概況の記載があった地域は，島しょ部を除くと8地域となっており，すなわち①鹿骨（江戸川）の花，②足

表3-8　1980年における東京都内地域別花き生産状況（単位：千円，%）

|  | 生産額 | 占有率 | 切花生産額 | 鉢物生産額 | 花壇苗生産額 | 施設栽培生産額 | 露地栽培生産額 |
|---|---|---|---|---|---|---|---|
| 区部 | 1,650,082 | 61.2 | 204,318 | 1,305,614 | 140,150 | 912,563 | 737,519 |
| 西多摩 | 267,080 | 9.9 | 49,860 | 217,220 | — | 260,880 | 6,200 |
| 南多摩 | 104,265 | 3.9 | 36,905 | 62,827 | 4,533 | 85,523 | 18,742 |
| 北多摩 | 675,198 | 25.0 | 82,773 | 550,371 | 42,054 | 611,785 | 63,413 |
| 合計 | 2,696,625 | 100 | 373,856 | 2,136,032 | 186,737 | 1,870,751 | 825,874 |

資料：『東京の園芸特産』（東京都労働経済局農林水産部農芸緑生課1983）の記述に基づき筆者作成．

第3章　東京都東村山市の花壇苗産地　67

表3-9　1980年当時の東京都内花き産地の状況

| 記載事項 | 該当区市町 | 産地のあゆみ | 栽培の概要 |
|---|---|---|---|
| ① 鹿骨の花 | 江戸川区 | ・明治30年代に江東区亀戸・大島地区から栽培が伝えられる<br>・大正6年の大水害を契機に，鹿骨に生産者が増加<br>・昭和6年に園芸組合発足 | ・経営者の多くは2〜3代目<br>・栽培農地が10〜20aという狭小な条件の中で，アサガオやホオズキなど伝統的な縁日用鉢花ほか，多種の小鉢花生産が行われる |
| ② 足立の花 | 足立区 | ・江戸時代に露地で仏花が栽培されていたと言われる<br>・大正初期に温室園芸が始まる・戦後，足立花き農協設立<br>・昭和29年には全国にさきがけて球根冷蔵庫が建設される | ・夏ギクは露地の切花として都内一<br>・チューリップ，フリージア，ユリの促成・半促成栽培が集約的に行われる<br>・高齢化と後継者不足からなる労働力の減少が課題 |
| ③ 練馬・板橋の鉢物 | 練馬区<br><br>板橋区 | ・区内の産地の中では新興<br>・両区とも昭和30年頃から，野菜園芸から花き園芸に転向する農家が増加<br>・伝統的な産地とは異なり，新しい経営が取り入れられる | ・シクラメンを基幹とした施設園芸が中心で，その前後作に多種多様な鉢花（ゼラニウム，ハイビスカス，プリムラ類，ベゴニア類，ハイドランジアなど）や花壇苗（パンジー，マリーゴールドなど） |
| ④ 大田のシクラメン | 大田区 | ・かつては馬込三寸ニンジン，馬込半白キュウリなどの発祥地として全国的にもよく知られた地域であったが，戦後最も早く都市化の影響を受け，昭和30年に馬込園芸研究会を発足 | ・シクラメンが主幹作物，冷涼地育苗も導入<br>・近年では，ハイドランジア，プリムラ類，アザレア，君子ランなども前後作に導入 |
| ⑤ 宇奈根のバラ | 世田谷区 | ・昭和24〜25年に温室切りバラ栽培が開始，昭和30年代後半の東名高速道路の用地買収が契機に温室を建て切りバラ栽培を始める農家が増加，宇奈根バラ出荷組合を設立 | ・ほとんどが夏切り型のファイロンハウス，一部ビニールハウスで栽培<br>・栽培の歴史が古く，施設の老朽化が課題だが，施設の新築や増築が困難 |
| ⑥ 昭島市・東村山市・東久留米市の花き生産 | 昭島市<br><br>東村山市<br><br>東久留米市 | ・昭和30年頃，畜産経営や野菜経営から施設花き園芸に転換<br>・その当時はビニールハウスであったが，その後改良資金などで鉄骨温室，アルミ温室を導入 | ・シクラメンが主幹作物，その前後作にハイドランジア，プリムラ類，ラナンキュラスなど・地域の消費者と直結した庭先売り，直売の比重が高く，これが経営の安定に寄与 |

| | | | | |
|---|---|---|---|---|
| ⑦ | 南多摩の バラ | 八王子市 | ・花き生産の歴史は浅く，昭和30年以降で，ビニールハウスを利用した施設切りバラの生産開始は昭和36年頃 | ・作型は夏切りタイプがほとんどであり，冬切りタイプは全体の22% |
| | | 町田市 | ・昭和45年以降，バラ栽培の集団化が進められる | ・切りバラが主体で，鉢バラについては増産傾向にない |
| ⑧ | 瑞穂の構造改善事業 | 瑞穂町 | ・瑞穂町長岡地区は新田集落で，耕地も大きく区画割りされており，もともとは露地野菜の産地 ・昭和50年に，構造改善事業により，大型ガラスハウス21棟が整備され，長岡温室団地が誕生 | ・切り花ではバラ，ストック，ガーベラ・鉢花ではブバルディア，ポットマム，ハイビスカス，シクラメン等 ・その他に，野菜苗やカーネション苗も生産 |

資料：『東京の園芸特産』（東京都労働経済局農林水産部農芸緑生課 1983）の記述に基づき筆者作成.

立の花，③練馬・板橋の鉢物，④大田のシクラメン，⑤宇奈根（世田谷区）のバラ，⑥昭島市・東村山市及び東久留米市の鉢物，⑦南多摩のバラ，⑧瑞穂町長岡の温室団地となっている。これらの記載を整理したのが表 3-9 である。ここで，1980 年当時に主要な花き生産地域であった区市町のうち，近年でも作付面積が比較的大きい 8 区市町について，1991 年から 2012 年までの間の品目別の作付面積の推移をみたのが図 3-6 である。東村山市では，花壇苗生産の作付面積が着実に増加している。これと比較して切り花産地であった足立区では，切り花の作付面積が広いまま推移している。練馬区や瑞穂町では，東村山市ほどではないものの,鉢物から花壇苗の占める割合が高くなってきている。一方，鉢物栽培が中心であった江戸川区や昭島市は花壇苗の作付面積がやや増加してはいるものの，生産の中心は鉢物栽培のままである。1980 年当時に主要な花き生産地域であった区市町の多くは，その当時の生産品目を継続している場合が多く，東村山市ほど花壇苗に重点を明確に移している区市町は他にみあたらない。

### （3）東村山市の花き生産の特徴

　東村山市は，2001 年に第 1 次の農業振興計画を策定するにあたり，アンケートにより農家意向調査を行い，その結果を公表している（東村山市産業市民部

第 3 章　東京都東村山市の花壇苗産地　69

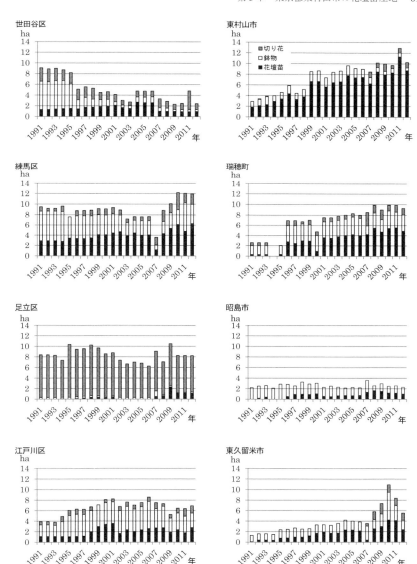

**図 3-6　東村山市と 7 区市町の花き品目別作付面積（ha）の推移（1991 年～ 2012 年）**
資料：わたしのまちの農業（平成 3 年版～平成 7 年版），東京都青果物・花き生産区市町村別統計表（平成 8 年産～平成 18 年産）・東京都農作物生産状況調査（平成 19 年産～平成 24 年産）により作成．

産業振興課，2000）。この調査では東村山市在住の全農家 372 戸を対象とし，有効回答は 360（約 96.8％）となっている。

　この調査結果をみると，まず主たる作目別の回答数は，野菜類 181，果樹類 40，梅・栗 38，花き 7，植木・芝 22，茶 5，その他 12，無回答 45，不明 5 となっている。農業への専従状況をみると，全体では 22.8％であるが，花きだけは 71.4％と突出して高い割合を示している。総所有農地の規模区分別の割合をみると，花きは植木・芝と並んで「50 アール以上」の農地を所有する割合が高く，他の生産類型の農家と比べると所有面積が大きくなっている。年間農業総販売額をみると，花き農家では「1,000 万円以上」が 71.4％を占め，他の生産類型の農家の販売額に比べて極めて高くなっている。臨時雇用についてみると，野菜類，梅・栗，植木・芝，茶の栽培農家では，いずれも「臨時雇用は考えていない」という意向の割合が高くなっている。これに対して，花き農家では「年間を通じて雇用」という意向の割合が 57.1％，「今後雇用したい」という意向の割合が 28.6％と他の生産類型と比較して臨時雇用を行う意欲が高くなっている。なお，果樹農家では，「農繁期に限り雇用」という意向の割合が 35.0％となっている。

　このようにみてくると，東村山市において花き生産農家は，他の生産類型の農家と比較して，比較的大きな耕地面積を所有し，一部の直売を行うものの市場出荷を基本とし，周年栽培を行うために一年を通じて雇用を積極的に導入するといった特徴的な農業経営を行っているといえよう。

## （4）東村山市花き研究会の取組み

　東村山市は，2001 年に農業振興計画を策定する際，市内の農業関係団体にヒアリングを行っている。東村山市花き研究会および同研究会生活部（花き農家の主婦）に対するヒアリングは 2000 年 9 月に行われている。このヒアリングの概要を引用すると，「東村山市では，1942 〜 3 年頃に花き栽培が始まり，1979 年に花き研究会が発足し，同研究会では月 1 回例会が開かれている。花き研究会の活動は，2 月に関東東海花き展覧会への参加，5 月に研修旅行，8 月に女性部交歓会，10 月に生産者見学会，12 月に市場・JA・市との懇談を行い，

第 3 章　東京都東村山市の花壇苗産地　71

表 3-10　関東東海花の展覧会における受賞点数に
占める東村山市生産者の点数

| 開催年 | 金 | 銀 | 銅 |
|---|---|---|---|
| 2006 | 0/5 | 0/6 | 3/12 |
| 2007 | 1/3 | 1/9 | 2/10 |
| 2008 | 1/4 | 2/6 | 1/13 |
| 2009 | 0/6 | 0/11 | 3/11 |
| 2010 | 1/4 | 1/11 | 1/11 |
| 2011 | 1/6 | 1/13 | 1/9 |
| 2012 | 1/7 | 1/9 | 2/11 |
| 2013 | 1/8 | 1/15 | 4/13 |
| 2014 | 1/8 | 1/10 | 1/11 |

資料：東京都産業労働局農林水産部 HP により作成.

これ以外の月は会員宅を巡り研修を実施している。これらの他に，春は即売会，桜祭り，グリーンフェスティバルなど市の行事に参加している。会員の花き経営については，都内には大田や葛西など市場が多く，市場からの集荷で大半を販売しており，東村山市の花きは市場ではレベルが高いという評価を得ており，質の良さで売ることが大切と考えられている。シクラメンについては直売が行われているが，時期や品物が限定されている。グリーンフェスティバルや産業まつりでの直売は，市民も花き研究会からの提供を期待している。園芸教室の開催要望もあり，行政や JA で企画してもらえれば対応は可能である。」となっている（東村山市産業市民部産業振興課，2001）。

　ここで東村山市花き研究会の取組みの一つである関東東海花の展覧会における入賞状況をみるため，2006 年から 2014 年の 9 年間の入賞状況を示したのが表 3-10 である。常に上位に複数の入賞がみられ，高い水準が継続して維持されていることが伺われる。2005 年には，他県から出品された花壇苗も含めた中で，金賞の中でも最高位である農林水産大臣賞を受賞し（農耕と園芸編集部，2005），東村山市花き研究会の技術水準の高さを示している。また，その後，都内の中央卸売市場の中で花きを最も多く取り扱う大田市場において 2005 年と 2006 年に東村山市花き研究会として花壇苗を展示する機会を得ている（株式会社フラワーオークションジャパン，2006）。このように，東村山市花き研

究会は，花壇苗生産の技術を高め市場関係者の評価を得ることで，消費者に最も近い流通業者の目に花壇苗の実物を展示するなど積極的な販売先の確保に努めている。

## 3. 東村山市の花き生産に対する行政の取組み

### （1）東村山市の行政計画の策定状況と農業の位置付け

　東村山市では，花壇苗生産に対して，今後どのような対応を図ろうとしているのであろうか。地域政策としてどのように農業が考えられているかについて，東村山市の行政計画についてみていくことにしよう。

**1）東村山市基本構想**

　基本構想は，地方自治法第2条第4項で規定された当該地方自治体のすべての計画の基本となる最上位計画とされていた。まずは基本構想における農業の位置付けを確認しよう。東村山市の最も直近に策定された基本構想は，2011年3月に策定された第4次東村山市総合計画基本構想であり，2020年を目標年次としたものである（東村山市行政政策部行政経営課，2011）[5]。第4次基本構想においては，基本目標4「みんなが快適に暮らせる，活力と魅力にあふれたまち」が定められ，これを実現するための施策として，都市農業の支援・育成が位置付けられている。また，関連するものとして，同じく基本目標を実現するための施策として，東村山らしい景観の育成・保全が，基本目標3「みんなでつくる安全・安心とうるおいを実感できるまち」を実現するための施策として，緑の保全と創造がそれぞれ位置付けられている。

**2）東村山市農業振興計画**

　東村山市では，基本構想・長期計画に沿い個別の行政計画がどのように策定されているのであろうか。まず，農業に関する計画としては，2001年3月に『東村山市農業振興計画』が策定されており，策定から10年が経過することから，2011年3月に『東村山市第2次農業振興計画』が新たに策定されている。『東村山市第2次農業振興計画』では，農業経営・生産の充実，担い手の育成・確

第3章　東京都東村山市の花壇苗産地　73

保，流通・販売の促進，農地の保全と活用，交流と農のあるまちづくりが，この計画の基本方針として示されている。

**3）東村山市環境基本計画**

東村山市の環境に関する計画としては，東村山市環境を守り育むための基本条例第1条に基づき，2004年3月に『東村山市環境基本計画』が策定されており，2011年3月に改定されている。『東村山市環境基本計画』では，「東村山市の地域環境の保全」を目標の一つとし，その中で「農地の保全と育成」を位置付け，農業振興計画の推進や農業体験農園等の整備による農地の保全，地場農産物の情報提供の充実，地場農産物の学校給食への導入の拡大，減農薬，減化学・有機肥料の普及促進，農業体験学習の推進，防災協力農地の拡大と情報提供の充実などを施策として掲げている。

**4）東村山市みどりの基本計画**

東村山市のみどりの保全に関する計画としては，都市緑地法第4条に基づく緑の基本計画がある。東村山市では，1999年3月に『東村山市緑の基本計画』が策定されており，策定から10年以上が経過し，2011年3月に『東村山市みどりの基本計画2011』が新たに策定されている。『東村山市みどりの基本計画2011』では，東村山の原風景を残す，水・みどり・土を守る，みどりを活かしたまちづくり，人々が参加協力してつくる東村山の環境という4つの基本方針をかかげている。このうち，水・みどり・土を守るでは，「みどりや生きものを育む土を守る」として，農地の保全やふれあい農業の推進，地産地消の推進，減農薬，減化学・有機肥料の普及促進，身近なみどりのリサイクルの推進，土をテーマにした自然環境学習の推進を施策として位置付けている。また，みどりを活かしたまちづくりでは，「地域の特性を活かした景観づくり」として，土地利用の方向性の検討が，人々が参加協力してつくる東村山の環境では，「体験を通じて保全する」として，市民農園・体験農園等の整備がそれぞれ施策として位置付けられている。

**5）東村山市の行政計画における農業の位置付け**

東村山市の基本構想・長期計画と個別の計画に記載されている農業に関連する具体的施策の関係について図3-7に示した。東村山市では，地方自治体の上

基本構想・基本計画（2011年3月策定、目標年次は2020年度、根拠規定：地方自治法第2条第4項）

| 将来都市像 | 人と人　人とみどりが響きあい　笑顔あふれる　東村山 | | | |
|---|---|---|---|---|
| 基本構想<br>の<br>基本目標 | 1　みんなで支え助け合う、<br>健やかにいきいきと暮らせるまち | 2　みんなが楽しく学び、<br>豊かな心を育むまち | 3　みんなでつくる安全・安心と<br>うるおいを実感できるまち | 4　みんなが快適に暮らせる、<br>活力と魅力にあふれたまち |
| 長期計画<br>の<br>基本的施策 | | | 施策大綱3−1　人とまちにやさしい<br>自然と生活環境を醸成する<br><br>施策3−1−2　緑の保全と創造 | 施策大綱4−1　快適に暮らせる住みやすいまちをつくる<br><br>施策大綱4−3　豊かさとにぎわいを創出する産業を振興する<br><br>施策4−1−3　東村山らしい景観の形成・保全<br><br>施策4−3−1　都市農業の育成・支援 |

個別計画

| 計画名 | 東村山市環境基本計画 | 東村山市みどりの基本計画 | 東村山市第2次農業振興計画 |
|---|---|---|---|
| 策定年月 | 2011年3月 | 2011年3月 | 2011年3月 |
| 計画期間 | 2011年度～2020年度 | 2011年度～2020年度 | 2011年度～2020年度 |
| 根拠規定 | 東村山市環境を守り育むための基本条例第1条 | 都市緑地法第4条 | 農業経営基盤強化促進法第6条 |
| 施策 | 農地の保全と育成　地産地消の推進<br>　農業振興計画の推進<br>　農業体験農園等の整備による農地の保全<br>　地場農産物の情報提供の充実<br>　地場農産物の学校給食への導入の拡大<br>　減農薬、減化学・有機肥料の普及促進<br>　農業体験学習の推進<br>　防災協力農地の拡大と情報提供の充実 | みどりや生きものを育む土を守る<br>　農地の保全<br>　ふれあい農業の推進<br>　地産地消の推進<br>　減農薬、減化学・有機肥料の普及促進<br>　身近なみどりのリサイクルの推進<br>　土をテーマにした自然環境学習の推進<br>地域の特性を活かした景観づくり<br>　土地利用の方向性の検討<br>体験を通じて保全する<br>　市民農園・体験農園等の整備<br>　子どもたちが里山の豊かさを感じられるように | 農業経営・生産の充実<br>　農業経営体の育成<br>　営農形態に応じた支援<br>　環境にやさしい農業の推進<br>担い手の育成・確保<br>　農業後継者の育成<br>　女性農業者の支援<br>　援農の仕組みづくり<br>流通・販売の促進<br>　地産地消の推進<br>　ブランドづくりの推進<br>農地の保全と活用<br>　生産緑地の保全<br>　多面的機能を活かした農地保全<br>交流と農のあるまちづくり<br>　東村山農業の普及<br>　農業と子どもたちのふれあい<br>　農業と市民のふれあい<br>　農のある景観形成 |

図 3-7　東村山市の行政計画における農業に関連する施策

位計画である基本構想・長期計画において，農業を産業振興の観点からだけでなく，環境やまちづくりといった観点からも位置付けがなされている。

　さらに，個別計画をみると，農業振興を図るための『農業振興計画』は当然のこととして，『環境基本計画』や『みどりの基本計画』においても農業に踏み込んだ記載がみられるのが特徴といえよう。これは，上位計画である基本構想・長期計画の中に農業振興がきちんとした位置付けを与えられており，その基本構想・長期計画に沿う形で個別計画が策定されているからであると考えられる。農業振興は東村山市をあげての政策課題となっているといえよう。

### （2）東村山市による振興施策

　それでは，東村山市はこれまで花壇苗生産農家にどのような振興施策を実施してきただろうか。東村山市は，2002 年から断続的に東京都の農業経営対策事業や生産緑地保全整備事業を活用し，農家の施設整備に係る補助事業を実施してきており，この一環として 2008 年度には，東村山市花き研究会に対する補助事業を実施している。東村山市花き研究会に所属する 6 戸の農家が，鉄骨ハウスやパイプハウス（延べ面積 2,423m²）などの生産施設を整備するにあたり費用が助成されたものである（東京都産業労働局農林水産部農業振興課，2012）。この施設の導入により，生産量が増えるとともに，栽培品目の多様化が進み，生産効率が向上している。また，フルオープンハウスを導入した農家では，夏の高温期に温度管理が容易になり，一年を通して出荷が可能となっている。このように，施設の導入が行われたことで高い花壇苗の生産効率の向上や品質の一層の向上が図られており，生産体制の強化が進められているといえよう。

### （3）東村山市の花壇苗生産を支える技術開発

　公的試験研究機関である東京都農業試験場と民間の種苗会社で構成される東京都種苗研究会は，連携して 1948 年から園芸作物の種苗改善審査会を行ってきており，1986 年から花きの種苗も審査対象となっている。1986 年から 2012 年までに審査された花きの品目を表 3-11 に示した。1988 年から 1990 年の間に

表 3-11　東京都野菜・花き原種改善審査会における審査対象品目

| 年度 | 品目名 | |
|------|--------|--------|
| 1986 | ハボタン | |
| 1987 | サルビア | |
| 1988 | 切り花用アスター | |
| 1989 | コスモス | |
| 1990 | ケイトウ | |
| 1991 | フレンチ・マリーゴールド | ベコニア・センパフローレンス |
| 1992 | サルビア | |
| 1993 | 花壇用ケイトウ | |
| 1994 | インパチェンス | |
| 1995 | ビンカ | ベコニア・センパフローレンス |
| 1996 | ゼラニウム | バーベナ |
| 1997 | マリーゴールド | ビオラ |
| 1998 | パンジー | ペチュニア |
| 1999 | サルビア | ビオラ |
| 2000 | パンジー | ビンカ |
| 2001 | マリーゴールド | 夏まきキンギョソウ |
| 2002 | ビオラ | ペチュニア |
| 2003 | アフリカンマリーゴールド | バーベナ |
| 2004 | パンジー | インパチェンス |
| 2005 | ビンカ | ダイアンサス |
| 2006 | ビオラ | ペチュニア |
| 2007 | マリーゴールド | パンジー |
| 2008 | ビンカ | 夏まきキンギョソウ |
| 2009 | インパチェンス | ビオラ |
| 2010 | ペチュニア | 夏まきパンジー |
| 2011 | ベコニア・センパフローレンス | ダイアンサス |
| 2012 | サルビア | パンジー |

資料：東京都種苗研究会『野菜・花き種苗改善審査会 50 年史』(2009)・東京都農林総合研究センター HP により作成.

審査された 3 品目を除き，それらの他はすべて花壇苗が審査対象とされている。また，東京都農業試験場の研究報告をみると，1990 年頃までは，鉢花に関する研究成果が主であったが，それ以降は花壇苗に関する研究成果が主となってきている（例えば，田旗，2005，椿・吉岡，2005）。民間を中心とした花壇苗の品種改良の進展と新たに作出された品種の都内での栽培可否や市場性の検討が生産現場のすぐ側で行われ，その成果を農家が取り入れやすい状況となって

いる。

　また，試験研究の内容は栽培の観点からだけでなく，生産された花壇苗の利用方法まで踏み込んだ内容に発展してきており，その具体例の一つとして「花マット」があげられる。花マットは，花壇苗を花壇に植えるだけでなく，都市における空間や室内の空間で花壇苗を利用していこうとの観点から開発が試みられ，実際に生産・供給されたものである（岡澤他，2008）。花壇苗を使用する場として花壇を想定するだけでなく，さまざまな空間で花壇苗が利用されることを可能にすることで，新たな需要を創出する取組として注目される。

## 4．東村山市の花壇苗産地の性格

　本章では，東京都東村山市を研究対象地域として，都市地域における花壇苗生産農家の存続戦略を考察してきた。その結果，以下のことが明らかになった。

①日本の花壇苗生産はガーデニングブームに伴い1990年頃から急速に増加してきた。これに伴い，従来花壇苗生産は都市地域が中心であったが，都市近郊やそれよりも遠方でも栽培面積が増加してきた。

②東京都では，古くから花き園芸が盛んに行われてきていたことから，都内各地で伝統的な産地が現在に至るまで残っている。その多くは，切り花栽培からスタートした地域や鉢物栽培からスタートしたものである。このため，花壇苗生産への対応状況は，地域により異なってきており，東村山市は最も花壇苗生産の作付面積を拡大してきた地域となっている。

③東村山市の花き栽培農家は1942〜43年頃から始められているが，1980年頃は鉢物栽培が主であった。しかし，1991年には花壇苗栽培の作付面積は鉢物栽培面積と同程度となっており，その後，鉢物栽培面積も増加するものの，それを上回る栽培面積の増加が花壇苗生産にみられる。また，花壇苗生産の技術水準は高く，高品質の花壇苗が生産・供給されていることから，市場での評価も高くなってきている。

④東京都内において東村山市の花壇苗生産が量的に，また質的に優れている

要因としては，二つのことが考えられる。一つは，花壇苗生産農家の経営規模が市内農家の中で比較的大きく，雇用を入れ，一年を通じた生産・供給体制を構築していることである。もう一つは，花壇苗生産農家は東村山市花き研究会を設立し，技術的な研鑽や市場での活動，行政への働きかけなどを行ってきている。これら個別経営体の営農活動と花き研究会の組織活動の成果が現れてきているものと考えられる。

⑤東京都東村山市という都市地域における花壇苗生産の組織的展開は，戦略的に取り組むことで，都市化に伴う営農環境の悪化に抗しながら，都市地域という花壇苗消費地の中での営農というメリットを最大限に活かすことで，産地としての発展を可能にしてきているものと考えられる。このことは，他の都市地域における農業を継続していく上で，何を主要な作目として選択するかを考える上で示唆を与えるものであろう。

［注］

1）東京都内の花き園芸に関する研究は，伊豆諸島八丈島に関する小川（1987）や中山（1988），増井（1994）による研究がみられるが，本書は都市農業の中での花き園芸を対象としていることから，ここでは対象外とする.

2）東京以外の大都市近郊における花き園芸に関する研究としては，仙台近郊の花卉生産地域の特性を報告した矢野（1960）や，中京圏の近郊である愛知県内の洋らん栽培の立地と生産構造を明らかにした山野（1991），近畿圏の近郊である奈良県を調査した西田（1969），滋賀県を調査した高橋（1969）などの蓄積がある.

3）菊池（2005）は，秋田県内における新聞記事と新聞チラシからみたガーデニングブームの様相を報告しており，この中で秋田県内の花壇苗生産にも若干言及しているが，本書のような視点から花壇苗生産を論じたものではない.

4）東村山市では，2011 年から 2012 年にかけ人口の減少が記録されている.

5）東村山市では，これまで基本構想について，第 1 次は 1976 年から 1985 年を，第 2 次は 1986 年から 1995 年を，第 3 次は 1996 年から 2010 年をそれぞれ計画期間として策定されてきている.

［参考文献］

秋池　功（1986）：鴻巣における花卉園芸地域の発展．埼玉地理，10，21-30.

池上絵美子（1997）：埼玉県南部における花卉生産について－浦和市高畑地区を事例として－．埼玉地理，21，28-33.

小川　護（1987）：わが国における観葉植物生産地域の成立とその変化．地域研究，28（2），46-60.

岡澤立夫・道園美弦・椿眞由巳（2008）：屋上緑化に向けた花マット植物の開発．農業および園芸，83（10），1075-1080.

株式会社フラワーオークションジャパン（2006）：東村山花卉研究会　春の苗物展示会（http：//www.faj.co.jp/01_CORPORATE/000_NEWS_UPDATE/2006-018/（2014年11月30日閲覧））

菊池勝俊（2005）：新聞記事と新聞チラシからみたガーデニングブーム．秋田地理，25，1-20.

佐々木　博（1969）：江北地区の農業の変質　近郊農業から市街地農業へ．立正大学人文科学研究所年報，7，67-77.

佐々木　博（1990）：東京都桧原村のシクラメン栽培．筑波大学人文地理学研究，14，25-40.

斎藤　功（1995）：東京北郊における鉢物花卉栽培の持続的発展　鴻巣市寺谷を事例として．筑波大学人文地理学研究，19，1-20.

澤田裕之（1982）：北埼玉における花卉園芸地域の形成と構造－深谷市藤沢地区の場合－．立正大学北埼玉地域研究センター年報，5，5-19.

澤田裕之（1972）：神奈川県秦野市の花き温室園芸．地理学評論，45，549-560.

澤田裕之（1978）：都市近郊における施設花卉園芸地域の構造－神奈川県平塚市の事例．地域研究，19（2），1-21.

澤田裕之（1980）：市街地内部における施設花卉園芸の性格について　神奈川県川崎市の事例．立正大学人文科学研究所年報，17，24-35.

澤田裕之・阿部信之（1970）：東京「温室村」の性格とその変化．地域研究，13，31-42.

高橋正明（1969）：都市近郊における花卉主産地の形成とその問題点．大手前女子大学論集，3，59_a-76_a.

田旗裕也（2005）：江戸川区での栽培におけるマリーゴールドの品種特性．東京都農業試験場研究報告，33，33-47.

椿眞由巳・吉岡孝行（2005）：花壇苗の品種特性と東京に適した品種の選定．東京都農業試験場研究報告，33，163-171．

東京都種苗研究会（2009）：『野菜・花き種苗審査会50年史』東京都種苗研究会．

東京都労働経済局農林水産部農芸緑生課（1983）：『東京の園芸特産』東京都．

東京都産業労働局農林水産部農業振興課（2012）：『魅力ある都市農業育成対策事業実績集　平成17年度〜平成21年度』東京都．

東京都農林総合研究センター（2011）：平成22年度研究発表会プログラム．東京都農林総合研究センター．

当麻蓉子（1956）：大都市圏の花卉栽培　特に江戸川区の鉢花について．地理学会誌（東京学芸大学），6，26-27．

富田健二・橋本明子・久保田康弘（2002）：南房総の完新世段丘面における花卉栽培　千倉町千田地区を例として．法政地理，34，34-39．

中山　満（1986）：八丈島における特産物（花卉）の産地形成　離島における農産物特産品の産地形成の事例的研究．琉球大学法文学部紀要（史学・地理学編），29，1-27．

農耕と園芸編集部（2005）：特別ルポ　狭い栽培面積でも創意工夫で良品生産－東京都東村山市　秋新園－．農耕と園芸，60（4），99-104．

東村山市都市整備部みどりと公園課（1999）：『東村山市緑の基本計画』東村山市．

東村山市産業市民部産業振興課（2000）：『東村山市農業振興計画策定基礎調査報告書』東村山市．

東村山市産業市民部産業振興課（2001）：『東村山市農業振興計画』東村山市．

東村山市環境部管理課（2004）：『東村山市環境基本計画』東村山市．

東村山市行政政策部行政経営課（2011）：『東村山市第四次総合計画　基本構想・前期基本計画』東村山市．

東村山市市民部産業振興課（2011）：『東村山市第2次農業振興計画』東村山市．

東村山市都市環境部みどりと環境課（2011）：『東村山市環境基本計画』東村山市．

東村山市都市環境部みどりと環境課（2011）：『東村山市みどりの基本計画2011』東村山市．

深瀬浩三（2006）：地場流通基盤からみた埼玉県鴻巣市箕田地区における鉢花・花壇苗生産の特色．学芸地理，61，10-25．

深瀬浩三（2008）：花卉価格低迷下における東京近郊の鉢花・花壇苗産地の対応　埼玉県旧川里町屈巣・広田地区を事例として．新地理，55（3），1-18．

増井好男（1994）：八丈島における花き園芸の発展と地域振興．農村研究，78，41-52.

宮部和幸（1999）：ガーデニング・ブームに伸びる花苗生産．農業と経済，65（3），65-71.

宮部和幸（2010）：どこへ行く日本の食と農（23）ガーデニングと花苗生産のゆくえ．農村と都市をむすぶ，60（12），49-52.

両角政彦（2000）：埼玉県深谷市における鉢物生産法人の存立形態．地理誌叢，41（1・2），44-59.

両角政彦（2005）：都市における農業生産者組織の地域的意義－東京都「世田谷花卉園芸組合」を事例に．地理誌叢，47（1・2），62-77.

両角政彦（2008）：花き産業地域に関する研究の成果と展望．地理誌叢，50（1），79-86.

矢野陽子（1960）：仙台近郊花卉生産地域の特性．東北地理，12（1），13-18.

山野明男（1991）：洋らん栽培の立地と生産構造　愛知県の場合．地理学報告（愛知教育大学），72，22-32.

# 第4章　東京都清瀬市・東久留米市の
　　　　露地野菜産地

## 1. 郊外の露地野菜産地とその研究方法

　小林（1993）は，東京都江戸川区と三鷹市を研究対象地域とし，1990年代初頭の都市農業をめぐる新しい動きとして，水耕栽培の活用への期待や生活の質の向上と都市農業の有利性，都市農業や農地を保持しようとする試みの増加をあげているが，1992年の改正生産緑地法施行による生産緑地指定率が30%あまりであったことをふまえ，宅地化農地が多いことから，乱開発がいっそう進むことを予想し，将来の都市農業の存続を憂慮している。東京都の都市農業は，市民と密接に関係した農業としての側面を有しており，近年そうした農業の役割が注目されているが，農業の根幹である農産物の生産に着目することも必要であろう。本書では，第2章で江戸川区を研究対象地域として市場出荷型コマツナ産地の，前章で東村山市を研究対象地域として市場出荷型花壇苗産地の，それぞれ存続戦略を明らかにしている。東京都で最も広い作付面積を有するのは露地野菜である。露地野菜は施設を利用したコマツナや花壇苗と比較して土地利用型の栽培品目であることから，今後の都市農業振興基本法に基づく土地利用計画による影響を大きく受けるものと推察される。

　東京都の露地野菜の市場出荷型産地に関する地理学研究をみると，北村（1988）はニンジンやホウレンソウの市場出荷型産地である清瀬市を，犬井（1985）はダイコンやホウレンソウの市場出荷型産地である東久留米市を，それぞれ研究対象地域として高度経済成長期における農業の変化を把握している。SAITO & KANNO（1990）は，東久留米市と隣接する小平市・田無市（現，西東京市）の境界地帯を事例として，青梅街道の開通により農家が農地を活用した自営的な兼業としてゴルフ練習場などのスポーツ施設経営が行われ，狭い

地域に6つのゴルフ練習場が設立され，わが国最大のゴルフ練習場集中地区となったことを報告している。岡田（2016）は，日本における農業生産組織のうち，とくに野菜生産組織を取り上げて，地域的な分布特性を明らかにし，東京都に野菜生産組織数の多い区市が多く，上位10区市町村の中に東久留米市が入っていることを報告している。

このように，近年，社会的に再評価されている都市農業ではあるものの，東京都などの大都市でも作付面積の広い露地野菜の生産の地域特性に関する研究は十分ではない，特に，1990年以降に市場出荷型野菜産地である清瀬市や東久留米市に着目して農業の変化を調査した研究はみあたらない[1]。そこで，本章では，東京都清瀬市および東久留米市を研究対象地域として，1990年以降の農業の状況を把握し，市場出荷型露地野菜産地の存続戦略を明らかにすることを目的とする[2]。

研究対象地域は，東京都清瀬市および東久留米市とする（図4-1）。清瀬市は，武蔵野台地の東北端手前約15km付近の平坦部に位置しており，北は埼玉

図4-1　研究対象地域

県所沢市に，東は埼玉県新座市に，南は東久留米市に，西は東村山市に接している。市域は 10.23km²，およそ 6.5km×2km の狭長の地であり，その長軸は台地の傾斜と向きを同じくし，平坦とはいえ西高東低の地形をなしている。標高は，西方の東村山市に接する竹丘で 65m，北東の埼玉県境の下宿で 20m と，6.5km の間に 40m 以上の標高差がある。また，市域北部を流れる柳瀬川でごくわずかの沖積低地を市域に含むが，それ以外は洪積台地となっている。

東久留米市は，都心から北西へ約 24km，武蔵野台地のほぼ中央に位置し，北は清瀬市に，東は埼玉県新座市に，南は西東京・小平の 2 市に，西は東村山市にそれぞれ接している。市域は，12.88km²，およそ 6.5km×3.5km となっている。標高 70m から 40m の範囲を西から東へなだらかに傾斜し，市の中央を黒目川・落合川が東流し，地下水も豊富で，川沿いのいたるところで湧水がみられる。

1990 年から 2015 年までの，清瀬市および東久留米市の人口と人口密度の推移を表 4-1 に示した。清瀬市の人口は 1990 年に 6.8 万であったものが，2015 年には 7.5 万へと増加している。これに伴い，清瀬市の人口密度は 1990 年の 6,602.1 人／km² から 2015 年の 7,318.1 人／km² へと高くなっている。一方，東久留米市の人口も 1990 年に 11.4 万であったものが，2015 年には 11.7 万へと増加している。これに伴い，東久留米市の人口密度も 1990 年の 8,836.8 人／km² から 2015 年の 9,055.3 人／km² へと高くなっている。この期間，いずれの市も人口は増加傾向であり，これに伴い人口密度は高くなっており，人口減少の局面は迎えていない。両市を比較すると，東久留米市の方が清瀬市よりも人

表 4-1　人口および人口密度の推移（1990 ～ 2015 年）

| | | 1990 年 | 1995 年 | 2000 年 | 2005 年 | 2010 年 | 2015 年 |
|---|---|---|---|---|---|---|---|
| 清瀬市 | 人口（人） | 67,539 | 67,386 | 68,037 | 73,529 | 74,104 | 74,864 |
| | 人口密度（人／km²） | 6602.1 | 6587.1 | 6650.7 | 7187.6 | 7243.8 | 7318.1 |
| 東久留米市 | 人口（人） | 113,818 | 111,097 | 113,302 | 115,330 | 116,546 | 116,632 |
| | 人口密度（人／km²） | 8836.8 | 8625.5 | 8796.7 | 8954.1 | 9048.6 | 9055.3 |

資料：国勢調査より作成.

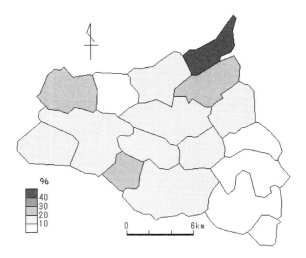

**図 4-2 北多摩地域における卸売市場へ出荷している農家の割合（2015 年）**
資料：農業センサス（2015）より作成.

口が多く，人口密度は高く推移している。

　ここで，図 4-2 に 2015 年の北多摩地域 17 市における卸売市場へ出荷している農家の割合を示す。北多摩値域 17 市の平均は 14.9％となっている。このような状況の中，清瀬市は 42.7％と唯一 40％を超えている。また，東久留米市は 23.2％と武蔵村山市や国立市とともに 20％を超えている。図 4-3 に清瀬市と東久留米市の 2005 年から 2015 年にかけての卸売市場へ出荷している農家の割合の推移を示す。両市ともに卸売市場へ出荷している農家の割合は低下傾向にあるが，今なお都内においては，市場出荷型産地といえよう。

　本章において，まず，農業に関する統計に基づいて 1990 年以降の農業の状況を農業経営基盤と栽培品目の変化という観点から明らかにする。分析では，主に 1990 年から 2015 年までの農業センサスによるデータを使用している。農業センサスにおいて調査されなくなったデータについては，東京都データを用いている。次に市場出荷型露地野菜産地の存続戦略を行政計画の分析を通じて明らかにする。分析では清瀬市および東久留米市の農業に関する計画および関連計画については両市の公表資料をそれぞれ使用している。

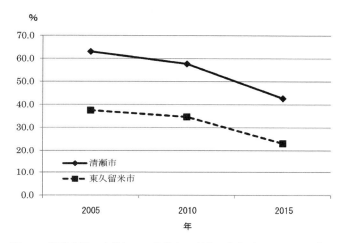

図 4-3　卸売市場へ出荷している農家の割合の変化（2005 〜 2015 年）
資料：農業センサス各年より作成．

## 2．清瀬市と東久留米市の農業基盤と露地野菜生産の推移

### （1）農業経営基盤の推移

　清瀬市および東久留米市の農業経営の基盤となる農家戸数の推移を示したのが図 4-4 である。清瀬市の農家戸数は 1990 年に 359 戸であったものが，2015 年には 174 戸とおよそ半減している。しかし，専業農家戸数は 1990 年に 79 戸であったものが，2015 年には 99 戸に増加しており，専業農家の占める割合は 22.0％から 56.9％へと上昇している。一方，東久留米市の農家戸数は 1990 年に 414 戸であったものが，2015 年には 186 戸と半数以下となっている。しかし，専業農家戸数は 1990 年に 53 戸であったものが，2015 年には 84 戸に増加しており，専業農家の占める割合は 12.8％から 45.2％へと上昇している。

　同様に両市の農業経営の基盤となる経営耕地面積の推移を示したのが図 4-5 である。清瀬市の経営耕地面積は 1990 年に 27,300a であったものが，2015 年には 16,800a と約 39％減少している。一方，東久留米市の経営耕地面積は 1990 年に 27,200a であったものが，2015 年には 14,400a と約 47％減少している。

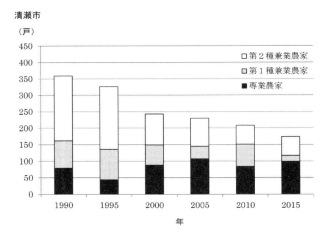

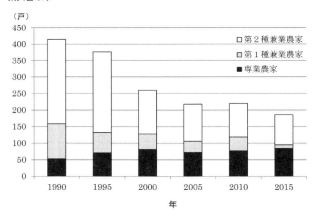

図 4-4　農家戸数の推移（1990 〜 2015 年）
資料：農業センサス各年より作成．

1990 年にほぼ同程度の経営耕地面積であったが，2015 年には両市で 2,400a の開きが生じている。

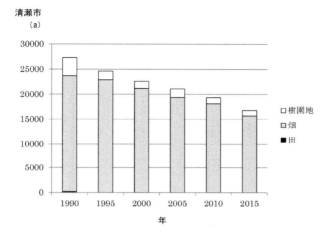

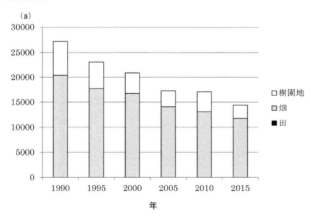

図 4-5　経営耕地面積の推移（1990 〜 2015 年）
資料：農業センサス各年より作成．

## （2）生産品目の推移

　次に，栽培品目の推移に関してみよう．清瀬市および東久留米市の一位品目別農家戸数の推移をみたのが，表 4-2 である[3]．清瀬市においては，1990 年から 2010 年にかけて常に露地野菜農家が最も多くなっている．さらに，2005 年

表 4-2　1 位品目別農家戸数の推移（1990 ～ 2015 年）

1）清瀬市

| 年 | 作物類 | 施設園芸 | 施設野菜 | 露地野菜 | 果樹類 | 花き・花木 | その他の作物 |
|---|---|---|---|---|---|---|---|
| 1990 | 10 | 9 | ― | 188 | 11 | ― | 22 |
| 1995 | 0 | ― | 1 | 184 | 12 | 22 | 5 |
| 2000 | 11 | ― | 1 | 167 | 18 | 17 | 5 |
| 2005 | 6 | ― | 8 | 171 | 12 | 15 | 1 |
| 2010 | 7 | ― | 11 | 157 | 10 | 15 | 0 |

2）東久留米市

| 年 | 作物類 | 施設園芸 | 施設野菜 | 露地野菜 | 果樹類 | 花き・花木 | その他の作物 |
|---|---|---|---|---|---|---|---|
| 1990 | 6 | 10 | ― | 171 | 34 | ― | 62 |
| 1995 | 4 | ― | 0 | 160 | 35 | 32 | 30 |
| 2000 | 11 | ― | 2 | 161 | 28 | 26 | 17 |
| 2005 | 5 | ― | 0 | 159 | 28 | 29 | 2 |
| 2010 | 10 | ― | 3 | 163 | 31 | 30 | 4 |

資料：農業センサス各年より作成．注：「―」は項目なしを示す．


表 4-3　野菜の品目別栽培面積の推移（1990 ～ 2013 年）（単位：ha）

1）清瀬市

| 年 | ダイコン | ニンジン | サトイモ | キャベツ | ホウレンソウ | コマツナ | トマト | その他 |
|---|---|---|---|---|---|---|---|---|
| 1990 | 33 | 51 | 43 | 12 | 50 | 2 | 0 | 33 |
| 1995 | 26 | 45 | 37 | 11 | 49 | 6 | 0 | 12 |
| 2000 | 25 | 45 | 27 | 10 | 52 | 10 | 0 | 18 |
| 2005 | 5 | 39 | 18 | 7 | 52 | 9 | 1 | 34 |
| 2013 | 9 | 33 | 12 | 9 | 46 | 8 | 1 | 32 |

2）東久留米市

| 年 | ダイコン | ニンジン | サトイモ | キャベツ | ホウレンソウ | コマツナ | トマト | その他 |
|---|---|---|---|---|---|---|---|---|
| 1990 | 65 | 7 | 2 | 13 | 51 | 8 | 1 | 37 |
| 1995 | 52 | 5 | 13 | 8 | 47 | 6 | 1 | 26 |
| 2000 | 41 | 5 | 12 | 10 | 52 | 8 | 2 | 29 |
| 2005 | 4 | 4 | 9 | 9 | 41 | 8 | 2 | 40 |
| 2013 | 11 | 5 | 7 | 6 | 24 | 13 | 2 | 41 |

資料：農業センサス各年（1995 ～ 2005 年）および東京都農作物生産状況調査結果報告書（2013 年度産）より作成．

から 2010 年にかけて施設野菜農家の増加が認められる。2000 年に 1 戸であっ
たのが，2005 年に 8 戸，2010 年に 11 戸となっている。一方，東久留米市にお
いても，1990 年から 2010 年にかけて露地野菜農家が最も多くなっている。清
瀬市で増加が認められた施設野菜農家についてみると，それは東久留米市では，
2000 年に 2 戸，2010 年に 3 戸にとどまっている。

　次に，清瀬市および東久留米市の野菜の品目別栽培面積の推移をみたのが，
表 4-3 である [4]。1990 年から 2013 年にかけての野菜の品目別栽培面積の推移
を清瀬市でみると，ニンジンは 51ha から 33ha へと 4 割弱の減少が認められ，
ホウレンソウは 50ha から 46ha へと 1 割弱の減少にとどまっている。同様に，
東久留米市での 1990 年から 2013 年にかけての野菜の品目別栽培面積の推移を
みると，ダイコンは 65ha から 11ha へと 8 割強の大幅な減少が認められ，ホウ
レンソウは 51ha から 24ha へとおよそ半減している。

　ここで，清瀬市および東久留米市の農業産出額順位をみたのが表 4-4 である。
清瀬市についてみると，1 位品目のホウレンソウ産出額の全産出額に占める割
合が 17％，2 位品目のニンジン産出額の割合が 15％を占め，従来からの市場
出荷品目が上位を占めている。他方，4 位品目にトマト産出額の割合が 5％で
入るなど，直売品目が上位に入ってきている。東久留米市についてみると，1
位品目は市場出荷品目のホウレンソウ産出額の割合が 10％となっているが，
ダイコン産出額の割合は 5 位品目までに入っていない。直売品目と考えられる

表 4-4　農業産出額順位（2013 年）

| 順位 | 清瀬市 [1] | | 東久留米市 [2] | |
| --- | --- | --- | --- | --- |
| | 品目 | 構成比（％） | 品目 | 構成比（％） |
| 1 位 | ホウレンソウ | 17 | ホウレンソウ | 10 |
| 2 位 | ニンジン | 15 | トマト | 10 |
| 3 位 | コマツナ | 5 | コマツナ | 7 |
| 4 位 | トマト | 5 | エダマメ | 7 |
| 5 位 | ミズナ | 4 | 日本ナシ | 4 |

資料：東京都農作物生産状況調査結果報告書（2013 年度産）により作成.
注：1）清瀬市の農業産出額は 958 百万円.
　　2）東久留米市の農業産出額は 853 百万円.

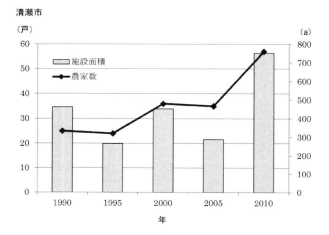

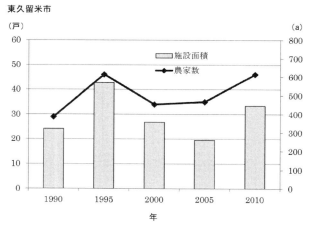

図 4-6 施設を保有する農家戸数と施設面積の推移（1990 ～ 2010 年）
資料：農業センサス各年より作成．

トマトが 2 位品目でその産出額の割合が 10％，エダマメが 4 位品目でこれの産出額の割合が 7％となっている．

そこで，1990 年から 2010 年にかけての施設を保有する農家戸数と施設面積の推移をみたのが図 4-6 である[5]．清瀬市では，市場出荷型露地野菜産地では

あるものの，施設を保有する農家戸数は倍増し，施設面積も増加している。東久留米市でも，施設を保有する農家戸数および施設面積がともに増加しているが，清瀬市ほどそれらの増加は顕著ではない。両市ともに，露地野菜栽培が中心であることは変わらないが，施設の導入が皆無というわけではなく，施設栽培が一定程度行われてきているといえよう。

## 3. 清瀬市と東久留米市の行政計画からみた都市農業の位置付け

　このように農業経営基盤である農家戸数や経営耕地面積が減少していく中，清瀬市および東久留米市はどのように都市農業を位置付けているだろう。両市の行政計画から明らかにすることとする。

　清瀬市は，2016年3月に『第4次清瀬市長期総合計画』を策定している（清瀬市企画部企画課，2016b）。基本構想におけるまちづくりの基本理念を「手をつなぎ　心をつむぐ　みどりの清瀬」としており，5つの将来像を示している。都市農業に関連する記述では，「将来像4　豊かな自然と調和した住みやすく活気あるまち」に農業の振興が位置付けられ，清瀬市の大きな産業である農業については，農地の保全に努め，環境に配慮した農業経営の確立を支援するとともに，都市型農業の特徴を生かし，直売や収穫体験など農業とのふれあいの場を充実するとしている。

　また，清瀬市は，2016年3月に『清瀬市まち・ひと・しごと創生総合戦略』を策定している（清瀬市企画部企画課，2016a）。この中では，基本目標Ⅱとして，働きやすさ・地域活力向上戦略を掲げ，地域課題に対応した新たな事業創出をすることとしている。ここで，「農業従事者の雇用促進（子育て世帯の活用，高齢者の活用）」を新規事業とし，高齢者並びに子育て中の世代の市民を従事者として雇用した経費の一部を補助し，農業分野における雇用機会の拡大，農家の経営安定及び経営規模拡大を図るとしている。また，「農業振興計画の策定」も新規事業とし，農業振興計画を改訂し，新たな計画にもとづく農業振興策の推進によって，清瀬市の個性である「農のある風景」の維持を図るとしている[6]。

なお，この他に，環境基本計画や緑の基本計画でも都市農業の記載が多くなされている[7]。

東久留米市は，2011年3月に『第4次長期総合計画』を策定し，市の将来像として「“自然 つながり 活力あるまち” 東久留米」を掲げている（東久留米市企画経営室企画調整課，2011）。これをふまえ，2016年3月に『東久留米市第4次長期総合計画後期基本計画』が策定されており，「にぎわいと活力あふれるまち」の中で，新たな活気を生み出す産業の振興と消費生活の向上を掲げ，都市農業の活性化を位置付けている（東久留米市企画経営室企画調整課，2016a）。

また，東久留米市は，2016年3月に『まち・ひと・しごと創生総合戦略』を策定している（東久留米市企画経営室企画調整課，2016b）。この中では，基本目標の一つに「にぎわいと活力あふれるまちをつくる」を掲げ，基本的な目標として，地元事業者の交流・農業の六次産業化・産官学連携などを通じて，東久留米市の地域産業の振興を図り，地域の活力・にぎわいを創出するとしている。

さらに，東久留米市は，2016年3月に『東久留米市農業振興計画』を策定している（東久留米市市民部産業政策課，2016）。この計画では，「魅力ある農業経営づくり」，「市民生活を支える農地の維持・保全」，「暮らしにうるおいをもたらす農業の展開」を3つの柱にしている。「魅力ある農業経営づくり」では，活力ある経営体の育成，後継者・担い手の育成，地域性を生かした農業生産，消費者と結び付いた流通・販売を，「市民生活を支える農地の維持・保全」では，生産緑地の維持・保全，農地の保全と有効活用，まちづくりとの連携を，「暮らしにうるおいをもたらす農業の展開」では，東久留米市農業のPRと交流の場づくり，ふれあいの場の確保と拡大，都市環境へのうるおいの提供を，それぞれ施策としている。なお，この他に，環境基本計画や緑の基本計画でも都市農業の記載が多くなされている[8]。

このように，清瀬市では市場出荷型露地野菜産地の部分と直接販売を意識した施策が記載されている。一方，東久留米市では消費者と結び付いた流通・販売など直売に比重を置いた施策が随所でみられる。1990年以降の農業生産の

変化に対応した施策が練られてきているものと考えられる。


## 4．清瀬市と東久留米市の露地野菜産地の性格

　本章では，都市農業振興基本法に基づく「土地利用計画」の策定が見込まれることから，市場出荷型露地野菜産地である東京都清瀬市および東久留米市を研究対象地域として，1992年の改正生産緑地法施行以前の1990年から2015年までの農業の変化をみてきた。その結果，以下のことが明らかとなった。

　まず，両市ともに農家戸数や経営耕地面積が減少してきていたが，専業農家戸数は増加し，その割合は大きくなっていた。次に，1位品目別農家戸数をみると，両市とも1990年以降一貫して露地野菜が最も多い。野菜の品目別の作付面積をみると，清瀬市は市場出荷品目のニンジンとホウレンソウが引き続き多い傾向を維持している。一方，東久留米市は市場出荷品目のホウレンソウは一定程度維持されているが，ダイコンは大幅な減少をしていた。このようなことを背景に，両市の行政計画は，都市農業の振興を図る目標は同じであるが，実施する施策には微妙な差異が生じてきている。

　今後，都市農業振興基本法に基づく「土地利用計画」を策定する際，土地利用型の露地野菜栽培を維持させていく上でどのような対応が図られるか注視していく必要があろう。また，清瀬市や東久留米市の今後の「土地利用計画」の策定への対応は，土地利用型の作物である稲の作付面積の占める割合が大きい近畿圏の生産緑地法の特定市をもつ2府2県（大阪府，京都府，兵庫県，奈良県）にも示唆を与えるものと考えられる。ことに，第10章で記すが，京都府と奈良県では市施行や市町村合併に伴い後から特定市になった場合，生産緑地地区の指定率が低い傾向にあり，市街化区域の範囲を再検討する契機になるものと考える。


［注］
1）農業経営学の分野では，發地（2000）が都市農業の担い手と経営継承問題の観点

96

から清瀬市を事例対象として相続税の問題などを指摘している.

2) 筆者は現職に就く以前，東京都において 1990 ～ 1997 年度と 2013 ～ 2014 年度に農政に携わった．1990 年代当時，清瀬市はニンジンをはじめとした，東久留米市はダイコンをはじめとした露地野菜の市場出荷型産地との認識があった．2013 ～ 2014 年度に職務の関係で両市を訪れた際，清瀬市では施設が増えた印象を，東久留米市では契約販売や直売が増えた印象をもったことが，本章執筆の必要性を考えた動機の一つでもある.

3) 農業センサス 2015 では，この調査項目については本章執筆時公表されていない.

4) この調査項目は，農業センサスでは，2005 年までしか調査されていない．このため，東京都で行われている同様の調査の直近のデータである 2015 年の数値で補完している.

5) 農業センサス 2015 では，この調査項目については本章執筆時公表されていない.

6) 2016 年 12 月現在，農業振興計画の改定作業が行われており，素案ができた段階である.

7) 『第二次清瀬市環境基本計画』では，「農業の推進」の項目を設け，①生産緑地の保全を基本とし，農地を守り，農業の推進に努めること，②農業を活性化するため，農産物の販売促進を図ること，③市民が農業とふれあうことのできるよう，農地を市民農園などとして活用できるよう努めること，④市民を対象とした農地の現地見学等を積極的に実施することなどが記載されている．（清瀬市都市整備部水と緑の環境課，2016）．また，『清瀬市みどりの基本計画（改定版）』では，「農地を守る」の項目を設け，①「農地の維持・保全」として，生産緑地の維持・保全，宅地化農地の維持・保全，地産地消の推進，②「農のあるまちづくりの推進」として，農地がもたらすうるおいのある景観づくりと市民意識の向上，まちづくりの視点での農地の維持・保全，③「ふれあいの場の拡大」として，市民が農業を通じてふれあえる場づくりの推進に取り組むとしている（清瀬市都市整備部緑と公園課，2011）.

8) 『東久留米市第二次環境基本計画』では，「農地を保全する」の項目を設け，①農業を継承するための活動と支援，②農業を支える取り組みを推進するとしている（東久留米市環境安全部環境政策課，2016）．また，『東久留米市第二次緑の基本計画』では，「農地の保全」の項目を設け，①農地保全のための制度の検討と保全，②相続による農地の減少対策の支援，③空き農地の有効活用に取り組むとしている（東久留米市環境部環境政策課，2013）.

## ［参考文献］

犬井　正（1985）：都市農業地域における露地野菜栽培の存在形態．新地理，33-3，11-27.

岡田　登（2016）：日本における野菜生産組織の分布特性，地球環境研究，18，105-114.

北村修二（1988）：都市近郊農業の展開－東京都清瀬市および多摩市の比較検討．地理学報告（愛知教育大学），67，1-20.

清瀬市産業振興課産業振興係（2016）：「第3次清瀬市農業振興計画」（http://www.city.kiyose.lg.jp/s029/040/020/050/20160415193154.html（2016年12月19日閲覧））

清瀬市市民生活部産業振興課（2007）：清瀬市農業振興計画.

清瀬市企画部企画課（2016a）：清瀬市まち・ひと・しごと創生総合戦略.

清瀬市企画部企画課（2016b）：第4次清瀬市長期総合計画（平成28年度～平成37年度）.

清瀬市都市整備部水と緑の環境課（2016）：第二次清瀬市環境基本計画.

清瀬市都市整備部緑と公園課（2011）：清瀬市みどりの基本計画（改定版）.

小林浩二（1993）：都市農業のゆくえ．岐阜大学教育学部研究報告　人文科学，42-1，1-16.

東久留米市企画経営室企画調整課（2011）：東久留米市第4次長期総合計画.

東久留米市環境部環境政策課（2013）：東久留米市第二次緑の基本計画.

東久留米市環境安全部環境政策課（2016）：東久留米市第二次環境基本計画.

東久留米市企画経営室企画調整課（2016a）：東久留米市第4次長期総合計画後期基本計画.

東久留米市企画経営室企画調整課（2016b）：東久留米市まち・ひと・しごと創生総合戦略.

東久留米市市民部産業政策課（2016）：東久留米市農業振興計画.

發地喜久治（2000）：都市農業の担い手と経営継承問題－東京都清瀬市の事例より－．酪農学園大学紀要　人文・社会科学編24-2，355-361.

I, SAITO & M, KANNO (1990)：Development of Private Sports Facilities as a Side Business of Urban Farmers. *Geographical Review of Japan* Vol. 63-1 (Ser. B), 48-59.

# II　都市住民による生産や消費への参画
―大阪府にみる新しい連携の形

# 第5章　大阪府における1990年以降の農業の変化

## 1. 大阪府の農業とその研究方法

　本章では，日本の三大都市圏の一つである近畿圏の中心となる大阪府を研究対象地域とし，1990年から2010年までの都市における農業の変化の地域的特性を把握することを目的とする。

　序章で，大阪府における都市農業の地理学的研究についてはすでに触れているので，隣接分野である農業経済学の先行研究にふれておく。大西（2014）は，1990年代以降の大阪府下を中心に都市地域における農地の転用動向と農地保全をめぐる諸問題について考察している。また，農産物直売所については，藤原他（2004）が堺市においてその存在意義を，藤田他（2013）が岸和田市において生産者の意識の変化を，それぞれ考察している。なお，ジャーナリストの視点で，都市住民との交流の観点から，古谷（2010）による羽曳野市でのイチジクジャムによる地域振興や古谷（2014）による南河内地域のブドウ産地の危機の報告がみられる。

　本章の研究対象地域は，大阪府全域とする。研究対象地域を大阪府全域とした理由は，大阪府は日本の三大都市圏のうちの一つである近畿圏の中心をなしていることからである。また，大阪府における生産緑地法の適用をみると，図5-1に示すとおり，2013年現在，すべての市が特定市となっている。さらに，1995年農業センサスでは，市町村別の地域類型が示されており，これを図5-2に示すと，大阪府では府縁辺部のごく一部の町村を除き，都市的地域となっている。

　各データについては，都市農業に関連する法令整備の経過を鑑み，以下のとおり収集を行っている。経営耕地面積，農家戸数等については，1990年，2000年，

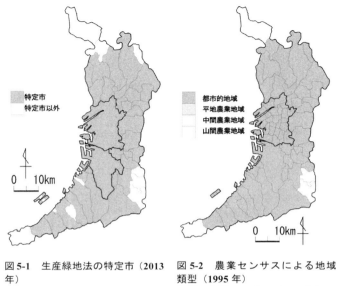

図 5-1 生産緑地法の特定市（2013年）　図 5-2 農業センサスによる地域類型（1995 年）
資料：農業センサス（1995 年）により作成．

2010 年の世界農林業センサスのデータを使用している。市街化区域内農地面積，生産緑地地区面積については，1993 年，2003 年，2013 年の大阪府公園緑地計画資料のデータを用いている。これらの情報を図にすることで，1990 年以降の大阪府の都市における農業の変化を把握する。

## 2. 農業基盤の推移と農業経営の状況

### （1）農地面積の推移

大阪府全域での経営耕地面積の推移を図 5-3 に示した。1990 年に約 14,508ha であったが，2000 年には約 11,222ha，2010 年には約 6,735ha と大幅に減少している。農地面積の推移の内訳をみると，田は 1990 年に約 11,404ha，2000 年に約 8,732ha，2010 年に約 5,148ha，畑は 1990 年に約 1,214ha，2000 年に約 1,126ha，

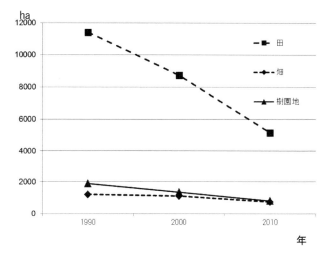

**図 5-3 大阪府における農地面積の推移**
資料：世界農林業センサス（1990 年, 2000 年, 2010 年）により作成．

2010 年に約 756ha，樹園地は 1990 年に約 1,889ha，2000 年に約 1,364ha，2010 年に約 831ha となっており，田の減少が著しい．

　大阪府の市町村別の経営耕地面積の推移を図 5-4 に示した．1990 年から 2010 年にかけてすべての市町村で農地面積は減少している．大阪市についてみると，この間に，生野区，旭区，住之江区の 3 区で減少割合が 100％であり，農地が消滅している．次いで，平野区，東住吉区，東淀川区の 3 区の減少割合が 80％台となっている．大阪市以外についてみると，最も大きな減少割合を示しているのは泉大津市の 83.9％で，次いで藤井寺市が 81.1％の減少割合であった．これらに次ぐ 70％台の減少割合を示したのは，大東市，高石市，東大阪市，豊中市，岬町，守口市の 6 市町であった．大阪市に隣接する市が多い傾向にある．

　次に，農地の内訳に着目すると，田が卓越する市町村がほとんどである．そのような状況の中，柏原市，羽曳野市，太子町では，1990 年から 2010 年にかけて変化が生じ，2010 年には樹園地が最も大きい面積となっている．この他に，1990 年から 2010 年にかけて，堺市，箕面市，東大阪市，八尾市では畑が，岸

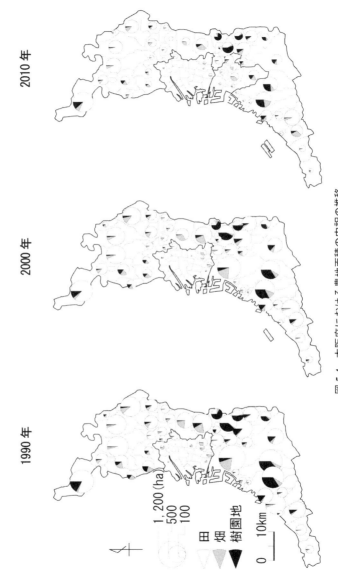

図 5-4 大阪府における農地面積の内訳の推移

資料：世界農林業センサス（1990年，2000年，2010年）により作成．

和田市，和泉市では樹園地と畑が，それぞれ比較的多い傾向を維持していた。

### （2）生産緑地面積の推移

　大阪府全域での生産緑地面積と宅地化農地面積の推移を図 5-5 に示した。1993 年に市街化区域内農地面積は約 5,647ha で，このうち生産緑地面積は約 2,516ha，宅地化農地は約 3,131ha であった。2003 年には，市街化区域内農地面積は約 4,624ha となり，このうち生産緑地面積は約 2,412ha，宅地化農地は約 2,212ha となった。さらに，2013 年には，市街化区域内農地面積は約 3,274ha となり，このうち生産緑地面積は約 2,114ha，宅地化農地は約 1,160ha となっている。1993 年から 2013 年にかけて，市街化区域内農地面積は約 2,373ha 減少しており，内訳をみると，宅地化農地が約 1,971ha 減少し，生産緑地が約 402ha 減少している。市街化区域内で減少した農地の多くは宅地化農地であり，生産緑地は一定程度の保全はされているものの，やや減少する傾向にあるといえよう。

　大阪府の市町村別の生産緑地面積と宅地化農地面積の推移を図 5-6 に示し

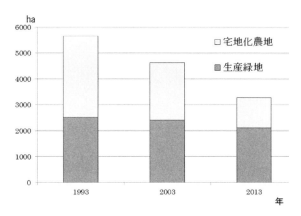

図 5-5　大阪府における生産緑地面積と宅地化農地面積の推移
資料：大阪府公園緑地計画資料（1993 年，2003 年，2013 年）により作成．

106

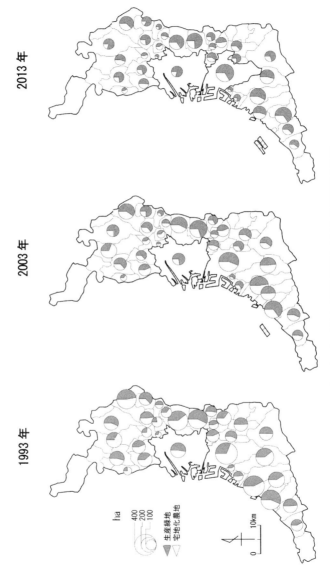

図 5-6　大阪府における生産緑地面積と宅地化農地面積の推移
資料：大阪府公園緑地計画資料（1993 年，2003 年，2013 年）により作成．

た。いずれの市においても，1993年から2013年にかけて，市街化区域内農地のうち，宅地化農地の減少が大きくなっており，生産緑地の占める割合が相対的に高くなっていく傾向にある。

(3) 農家戸数の推移

2010年における全国の農家戸数を比較場した場合，大阪府の農家戸数は，東京都のそれに次いで，全国で2番目に少ない。大阪府全域における1990年から2010年にかけての専業・兼業別農家戸数の推移を図5-7に示した。1990年においては，専業農家3,703戸，第1種兼業農家2,724戸，第2種兼業農家32,555戸であった。2000年には，専業農家2,161戸，第1種兼業農家1,673戸，第2種兼業農家10,778戸，自給的農家15,189戸となり，2010年には専業農家2,803戸，第1種兼業農家888戸，第2種兼業農家6,806戸，自給的農家15,863戸となっている。専業農家の減少割合と比較して，第1種兼業農家や第2種兼業農家の減少割合が大きく，自給的農家化が進む傾向にあるといえよう。

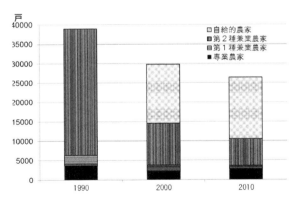

図5-7 大阪府における農家戸数の推移
資料：世界農林業センサス（1990年，2000年，2010年）により作成．

（4）1位部門別農家戸数の推移

　次に，大阪府の市町村別の1位部門別農家戸数の推移を図5-8に示した。豊能や三島，北河内などの北部地域では，1990年から2010年にかけて一貫して稲作の占める割合が大きい市町が多い。これと比較して，中部あるいは南部では1990年から2010年にかけて果樹や野菜といった園芸が過半を占めるに至る市町が多くなっている。特に南河内の羽曳野市や太子町，中河内の柏原市の果樹，泉南の岸和田市や泉北の堺市や和泉市での野菜に見出される。このことは，大阪府における農地は，もともと田が多く，稲作が主要な農業であり，高い収益が得にくい傾向にあったが，中部あるいは南部では，収益性の高い果樹や野菜を栽培する農家の占める割合が増加してきているものと考えられる。

## 3．2010年における農業関連事業等に関する状況

　世界農林業センサスで取り上げられている農業関連事業のデータは、六次産業化あるいは農商工連携の指標として考えられる。2010年における全国の都道府県別の農業関連事業を行っている農家戸数の割合をみると，大阪府における農業関連事業を行っている農家戸数の割合は，必ずしも大きくない。

　大阪府における農業関連事業を行っている農家の状況を市町村別に図5-9に示した。図5-9の左図と右図をあわせてみると，大阪府における農業関連事業の大半は直売であり，中図からその割合の地域的傾向は見出しづらい。右図の特徴的な取組みの状況をみると，樹園地が多く，売り上げ1位品目が果樹である農家が多い羽曳野市や柏原市のある南河内や中河内に観光農園が多くみられる。

## 4．大阪府における農業の変化の性格

　本章では，大阪府全域を対象として，1990年以降の都市における農業の変化を把握してきた。その結果，以下のことが明らかとなった。

第 5 章 大阪府における 1990 年以降の農業の変化 109

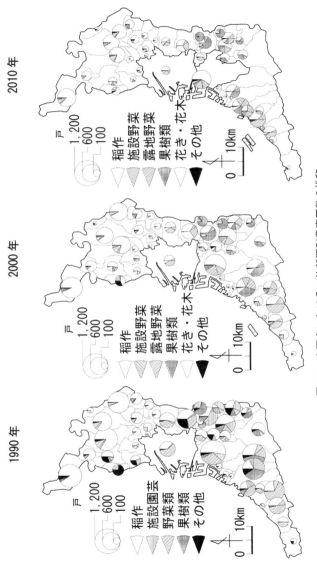

図 5-8 大阪府における 1 位部門別農家戸数の推移
資料:大阪府公園緑地計画資料 (1993 年, 2003 年, 2013 年) により作成.

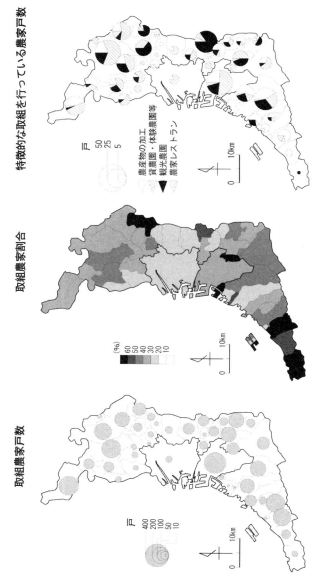

図 5-9 大阪府における農業関連事業への取組状況（2010 年）
資料：世界農林業センサス（2010 年）により作成．

第 5 章　大阪府における 1990 年以降の農業の変化　111

写真 5-1　枚方市市街化区域における稲作
（筆者撮影 2015 年 9 月）

写真 5-2　羽曳野市におけるブドウ施設栽培
（筆者撮影 2016 年 2 月）

写真 5-3　岸和田市における野菜施設栽培
（筆者撮影 2016 年 2 月）

写真 5-4　和泉市における野菜施設栽培
（筆者撮影 2016 年 2 月）

写真 5-5　岸和田市の農産物直売所
（筆者撮影 2016 年 2 月）

写真 5-6　河内長野市のブドウ狩り園
（筆者撮影 2015 年 10 月）

　大阪府全域において，農地の減少，特に田の減少が顕著となっている。市街化区域内で減少した農地の多くは宅地化農地であるが，生産緑地は一定程度の保全はされているものの，やや減少する傾向にある。多くの市町村では稲作農家が多く，北部の豊能や三島，北河内などでは特にその傾向が強い（写真 5-1）。しかし，羽曳野市（写真 5-2）等の果樹農家の多い南河内や中河内，あるいは岸和田市（写真 5-3）や和泉市（写真 5-4）等の野菜農家が多い泉南や泉北などの地域が引き続き存在している。農業関連事業等に取り組む農家の多

くは直売（写真 5-5）であり，観光農園（写真 5-6）等がみられるものの，他
の取組はそれほど多くはない傾向にある。

　このようなことから，1990 年以降，大阪府では都市における農業経営基盤
の脆弱化が確認された。また，地域によって，主要作目が異なることが確認さ
れ，農業関連事業等への取組みは直売を除くとそれほど多くはないという地域
的特性が把握された。このような状況の中で，果樹や野菜といった園芸を振興
しつつ，田の減少を抑えるための方策を講じることは急務と言えよう。今後，
大阪府においては，このような地域的特性を踏まえた上で，都市農地を保全す
るための「土地利用計画」を検討していくことが課題であると考えられる。

［参考文献］
大西敏夫（2014）：都市地域における農地の転用動向と農地保全をめぐる諸問題－
　　1990 年代以降の大阪府下を中心に－. 経済理論，376，147-161.
藤田武弘・堀野涼子・木川夏香・清原大地・中村文香・藤井　至・大浦由美（2013）：
　　JA 農産物直売所設置にともなう生産者の意識変化　大阪府岸和田市 JA いずみの
　　「愛彩ランド」出荷部会へのアンケート調査結果. 観光学，8，45-53.
藤原亮介・大西敏夫・藤田武弘・内藤重之（2004）：都市地域における常設型農産
　　物直売所の存立意義. 農林業問題研究，40（1），204-207.
古谷千絵（2010）：農の現場リポート　いちじくジャムで地域振興－大阪府羽曳野
　　市の場合－. 農業協同組合経営実務，65（7），52-56.
古谷千絵（2014）：農業・農村の現場から　都市近郊農業：消えゆくブドウ園と集
　　う都市住民－「大阪ブドウ」産地　大阪府・南河内地域の現状と課題－. 農業，
　　1589，54-59.

# 第6章　大阪府堺市の市民農園等の設置主体の多様化と立地の変化

## 1. 市民農園等とその研究方法

　2015 年 4 月に公布された都市農業振興基本法では，都市農業の多面的機能として，新鮮な農産物の供給はもとより，災害時の防災空間や国土・環境の保全，良好な景観の形成，農業体験・学習と交流の場，都市住民の農業への理解の醸成等が明記されている。農業体験・学習と交流の場，都市住民の農業への理解の醸成に着目すると，これらの機能を発揮させるためには，同法に示された国や地方公共団体が講ずべき基本的施策のうち，農作業を体験することができる環境の整備や国民の理解と関心の増進，都市住民による農業に関する知識・技術の習得の促進が該当するものと考えられる。これらの機能を担うものの一つとして市民農園等[1] が考えられ，増加させていく必要があろう。

　しかし，市民農園等の整備に関するこれまでの経緯をみると，様々な課題が存在する。日本において市民農園が一般的に普及を始めたのは 1960 年代からと考えられている（工藤，2009，新保・斎藤，2015）。都市の拡大に伴い，市民農園の需要が生じた（工藤，2009）。

　農地の貸し借りは農地法により厳しく規制されている[2]。市民農園が法的に根拠を与えられたのは，いわゆる市民農園二法の制定による。すなわち，1989年制定の特定農地の貸付けに関する農地法等の特例に関する法律（以下，特定農地貸付法という）と 1990 年制定の市民農園整備促進法である。

　特定農地貸付法は，市民農園等として農地を貸す場合，農地の権利移動の許可を不要とする規制緩和をするとともに，耕作者の保護をなくし，農地所有者が安心して農地を貸し出せる条件を整えたものである（東，1993）。特定農地貸付法では，市民農園の開設者は，市町村あるいは農協（以下，JA という）

とされた。

　市民農園整備促進法は，市民農園施設を含めた市民農園の整備の促進を図るものである（東，1993）。市民農園整備促進法では，市民農園を，上記の特定農地貸付法に係わる農地と農園利用方式に係わる農地の2種類と，農地に付帯して設置される施設としている。

　三大都市圏では，1992年に生産緑地法が改正された。生産緑地法の特定市では，市街化区域内の農地が，保全すべき農地としての生産緑地と市街化を進める宅地化農地に区分された。生産緑地は農家が営農することが原則であり，生産緑地が市民農園に提供された場合，相続が発生した際，相続税納税猶予制度が適用されない。このようなことから，三大都市圏の生産緑地法の特定市では，市民農園二法が制定されたものの，市街化区域内の安定した農地である生産緑地での市民農園の整備には課題が多い状況にあった（例えば，黒田・吉村，1993）。このような市街化区域内で安定した農地である生産緑地において相続税納税猶予制度が適用されるよう考案されたのが，東京都練馬区で考案された練馬方式と呼ばれる農業体験農園であり，1996年から開始されている。これは，農家経営の一環として行われるものである（原，2009）。

　また，特定農地貸付法による市民農園は，設置主体が市町村かJAに限られていた。2002年に構造改革特別区域法が制定された。多くの地方公共団体から特定農地貸付法の設置主体を規制緩和する内容の特区提案がなされ，認定を受けた。その結果，規制緩和の内容を全国展開することとなり，2005年に特定農地貸付法が改正された。改正特定農地貸付法では，設置主体として民間企業やNPO，個人が認められるようになった。

　2017年3月に，都市農業振興基本法の制定をふまえ，都市緑地法と生産緑地法が改正された。都市緑地法の改正は，緑の基本計画に都市農地を位置付ける内容となっている。他方，生産緑地法の改正はいわゆる生産緑地2022年問題に対応したものと考えられている。

　以上のこれまでの市民農園にかかる法制度等の変遷について表6-1に示す。また，農林水産省の資料を参考に，市町村やJAが設置する特定農地貸付法に基づく従来型の市民農園と2005年の特定農地貸付法の改正による民間企業や

第 6 章　大阪府堺市の市民農園等の設置主体の多様化と立地の変化　115

表 6-1　都市的地域における市民農園等に関係する法令等の制定状況

| 年 | 制定された法令等 |
|---|---|
| 1968 | 都市計画法改正市街化区域・市街化調整区域 |
| 1974 | 生産緑地法制定 |
| 1989 | 特定農地貸付法制定設置主体＝市町村・JA |
| 1990 | 市民農園整備促進法制定 |
| 1992 | 生産緑地法改正生産緑地地区・宅地化農地 |
| 1998 | 農業体験農園開設（東京都練馬区） |
| 2002 | 構造改革特別区域法制定 |
| 2005 | 構造改革特別区域法で特定農地貸付法の特区認定（堺市も認定を受ける） |
| 2005 | 特定農地貸付法改正企業・NPO・個人も可能 |
| 2015 | 都市農業基本法制定 |
| 2017 | 都市緑地法改正・生産緑地法改正 |

表 6-2　市民農園等の種類別の特徴

| | 旧特定農地貸付法 | 改正特定農地貸付法 | 農業体験農園（農園利用方式） |
|---|---|---|---|
| 設置者 | 市・JA | 企業・NPO・個人 | 農家 |
| 利用者 | 栽培品目自由 | 栽培品目自由 | 栽培品目は農家が決定 |
| 利用手続き | 市・JA | 市が関与 | 農家 |
| 付帯施設 | 市民農園整備促進法 | 市民農園整備促進法 | 市民農園整備促進法 |
| 生産緑地の相続税 | 納税猶予は適用されない | 納税猶予は適用されない | 納税猶予の適用の可能性あり |

資料：農林水産省 HP を参考に作成.

NPO，個人が設置する市民農園，法的な規制のない農業体験農園の比較を表6-2 に示す。なお，市民農園等は，都市的地域にある日帰り型と農村的地域にあるいわゆるクラインガルテンと呼ばれる滞在型があるが，本章では，都市的地域における市民農園等について検討するため，日帰り型を対象として扱う。

　これまでの地理学における市民農園等に関する先行研究をみると，樋口(1999) は埼玉県川口市の市民農園である見沼ふれあい農園の事例からその存立基盤について論じている。河原他（2001）は京都府八幡市を研究対象の中心として，大都市近郊地域における市民農園の展開について論じている。宮地(2006) は東京都を事例として改正生産緑地法下の都市における農業の動態を，有機農産物の生産振興，稲城市の梨のブランド化の推進の取組，練馬区の農業

体験農園の開設，共同農産物直売所の整備の観点から分析し，宮地（2015）では練馬区の農業体験農園の社会的役割を論じている。荒井（2014）は，同様に練馬区の農業体験農園の郊外住宅地にある意義や地理教育の観点から論じている。このように，地理学においては，特定農地貸付法の改正や都市農業振興基本法の制定とそれに伴う生産緑地法の改正など、直近の都市農業の情勢をふまえた市民農園等に関する研究はみあたらない。

石原（2017）は，東京都と大阪府の農業センサスにおける農業関連事業の状況を比較し，東京都では貸農園・体験農園等が多く，大阪府では貸農園・体験農園等はあまり多くないことを明らかにし，大阪府では農地の多くが水田であり，貸農園・体験農園等を展開することが難しいことに起因するものではないかと推測している。

大阪府全市町村を対象として、市民農園や体験農園等の状況を把握する。農林水産省HPの「全国市民農園リスト（2016年3月末現在)」によれば，10市37ケ所の市民農園が登録されている。最も多いのは富田林市の15ケ所である。2015年農業センサスによると，貸農園・体験農園は25市町村92経営体となっている。最も多いのは，堺市と高槻市の12経営体である。大阪府HPの「農に親しむ施設紹介」によれば, 32市町村の施設が掲載されている（図6-1）[3]。この中で，堺市が最も多様性に富んでいる。そこで本章では，大阪府堺市に着目して、市民農園等が多様性に富んでいる背景とその立地の特性を明らかにすることを目的とする。

前記のとおり，堺市が最も市民農園等の多様性に富むことが把握されたことから，研究対象地域は，大阪府堺市とする（図6-1）。堺市は近畿の中央部に位置し，面積149.82km$^2$，人口約84万人を有する政令指定都市である。堺市は，古代から日本の経済,文化の中心地として繁栄してきた。戦後は臨海コンビナートや泉北ニュータウンが造成され現在の姿に至っており，南大阪の中核的都市として，関西の文化・経済を牽引している。

研究方法は，以下のとおりである。まず，堺市の農業が大阪府の中でどのような状況にあるかを1990年から2015年までの農業センサスにより把握している。

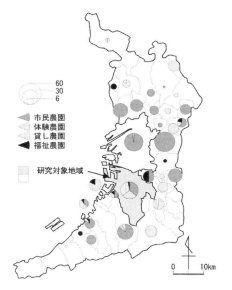

**図 6-1　大阪府 HP の「農に親しむ施設紹介」による市民農園等と研究対象地域**
資料：大阪府環境農林水産部農政室推進課地産地消推進グループ（2017）より作成．

　次に，堺市は政令指定都市であることから，2010 年の行政区ごとの都市的および農村的な特性を把握する．都市的な特性としては，人口密度や緑地率などから都市的状況を把握することとし，人口密度は国勢調査の結果を，緑地率は大阪府の資料から都市公園面積と世界農林業センサスの経営耕地面積および森林面積をそれぞれ用いて求める．農村的な特性は，農業センサスの農家戸数や経営耕地面積から堺市の行政区ごとの農村的な状況を把握する．なお，これらの項目について 2010 年としているのは，森林面積が 10 年ごとに調査される世界農林業センサスによるからである．

　市民農園等については，2017 年 7 月に堺市農水産課へのヒアリングを行うとともに公表資料（堺市産業振興局農政部農水産課，2017b）の提供を受けた．また，堺市の公表資料だけでは不明な点について，JA 堺市から情報提供を受け，2017 年 10 月時点でのリストを作成した．このリストから堺市および JA 堺市が把握している市民農園や体験農園等の設置主体や立地状況を分析した．立地

状況の都市計画上の確認にあたっては，堺市 HP により都市計画図を検索している。また，一部の市民農園等については現地調査を行った。

## 2．堺市の特徴

### (1) 堺市の農業の状況

堺市の農業の特徴についてみよう。堺市の農業経営の基盤である経営耕地面積と農家戸数の推移を大阪府全域のそれらと比較したものを，図 6-2 と図 6-3 にそれぞれ示す[4]。経営耕地面積の推移をみると，大阪府全域も堺市も一貫して減少傾向にあり，堺市の方が大阪府全域より減少割合がわずかながら大き

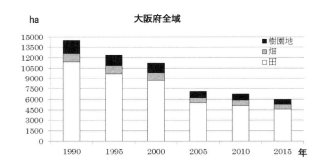

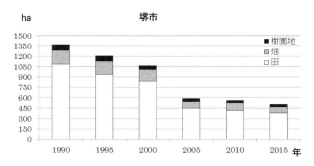

図 6-2　大阪府と堺市の経営耕地面積の推移（1990 〜 2015 年）
資料：農業センサス各年より作成．

第 6 章　大阪府堺市の市民農園等の設置主体の多様化と立地の変化　119

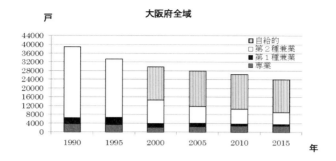

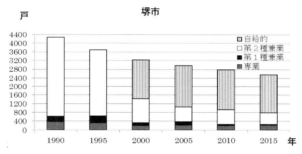

図 6-3　大阪府と堺市の農家戸数の推移（1990 〜 2015 年）
資料：農業センサス各年より作成．

い。また，堺市の方が大阪府全域より経営耕地面積のうち，畑の占める割合が大きい傾向にある。次に，農家戸数の推移をみると，大阪府全域も堺市も一貫して減少傾向にある。堺市の方が大阪府全域より減少割合がわずかながら大きいものの，堺市の農家戸数は一貫して大阪府の約 11％を占めている。さらに，堺市の 1 位品目別農家戸数の割合の推移と大阪府全域のそれと比較したのが図 6-4 である[5]。堺市の 1 位品目別農家戸数の割合の推移をみると，露地野菜や施設野菜の農家戸数の占める割合が一貫して大阪府全域のそれらと比較して大きい。大阪府の農業は府域全体でみると稲作の占める割合が大きいが，堺市は大阪府の中で野菜栽培が盛んな地域の一つであるといえよう。

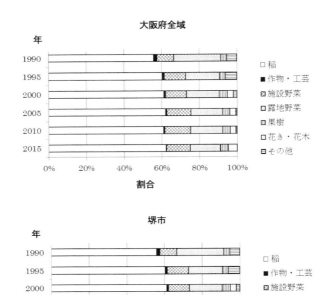

図6-4 大阪府と堺市の農産物販売金額1位の品目別農家戸数の割合の推移（1990〜2015年）
資料：農業センサス各年より作成.
※作物・工芸は，雑穀類・いも類・豆類・工芸作物の合計.

## （2）堺市の行政区別の都市的特性と農村的特性

　堺市は2005年に旧堺市と旧美原町が合併し，2006年に政令指定都市に移行している。堺市の行政区は，図6-5に示すように堺区と中区，東区，西区，南区，北区，美原区の7区となっている。行政区別の2010年における人口密度をみると，北区が10,049人／km$^2$と最も高く，次いで東区の8,153人／km$^2$，中区の6,686人／km$^2$，堺区の6,279人／km$^2$，西区の4,669人／km$^2$となっている。南区は3,827人／km$^2$, 美原区は2,967人／km$^2$と人口密度は比較的低い。

第6章　大阪府堺市の市民農園等の設置主体の多様化と立地の変化　121

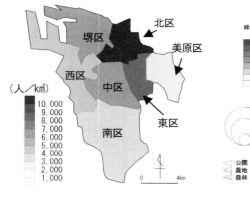
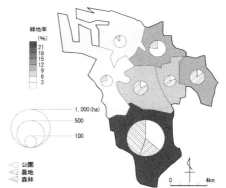

図6-5　人口密度（2010年）
資料：国勢調査より作成.

図6-6　緑地率（2010年）
資料：農業センサスおよび大阪府資料より作成.

　堺区は堺市役所の本庁舎が位置する市の中心部であり，西区は臨海工業地帯を抱えるが，これら2区と比べてベッドタウンとなっている北区やその南側に位置する東区や中区の方が、人口密度からみると高くなっている。
　行政区別の2010年における緑地率と緑地構成要素の面積を図6-6に示す。緑地率は南区が22.4%と最も高く，公園面積331ha，農地面積170ha，森林面積405haとなっており，比較的緑豊かな地域となっている。南区は世界農林業センサスで森林面積が記載されている唯一の区である。次いで緑地率が高いのは北区の11.7%と美原区の11.2%であるが，緑地構成要素をみると北区では公園が過半を占めており，緑地率が高いのは東区の8.9%と中区の7.5%であり，両区とも緑地構成要素をみると農地が過半を占めている。緑地率の低いのは堺区の4.1%と西区の3.1%であり，両区とも緑地構成要素をみると公園が過半を占めている。
　行政区別の2010年における経営耕地面積を図6-7に，農家戸数を図6-8にそれぞれ示す。南区の経営耕地面積が170haと最も大きく，田だけではなく，畑と樹園地をあわせると約31%を占めている。農家戸数が441戸と最も多い。次いで美原区の経営耕地面積が127haと大きく，田の占める割合が約87%と大きい。農家戸数も南区に次いで363戸と多い。次いで中区の経営耕地面積が

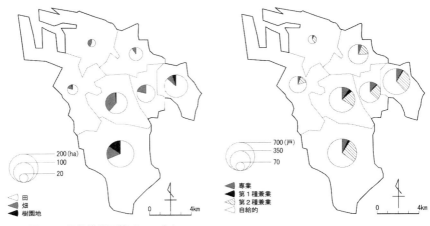

図 6-7 経営耕地面積（2010 年）
資料：農業センサスより作成.

図 6-8 農家戸数（2010 年）
資料：農業センサスより作成.

109ha と大きく，畑の占める割合が約 37％と大きい。南区や美原区に次いで農家戸数も 356 戸と多い。経営耕地面積が 100ha を超えるのはこれら 3 区である。これら以外の区は，経営耕地面積については，東区の 76ha，北区の 42ha，西区の 25ha の順となり，堺区の 14ha が最も小さく，農家戸数もこの順となっている。

このようにみてくると，堺市は，堺区と西区，北区の 3 区が都市的な地域であり，南区と美原区の 2 区が農村的要素の強く残っている地域であり，中区と東区の 2 区はそれらの中間的な地域であると考えられよう。

## 3. 堺市における市民農園等の設置状況

堺市農水産課および JA 堺市からのヒアリングや提供を受けた公表資料から作成した堺市における市民農園等のリストを表 6-3 に示す。堺市の市民農園等は，中区と東区，西区，南区，北区の 5 区に設置されており，堺区と美原区の 2 区ではみられない。この表 6-3 をもとに，市民農園等の設置主体別の推移を図 6-9 に，行政区別の推移を図 6-10 に，都市計画区域別の推移を図 6-11 に示す。

第 6 章　大阪府堺市の市民農園等の設置主体の多様化と立地の変化　123

　堺市では，1972年のJAが設置者となる市民農園が中区に設置されることに始まる。1970年代は中区に4ケ所である。1980年代に東区や西区に広がりを見せ，6ケ所となる。都市計画区域別にみると，市街化区域に5ケ所，市街化調整区域に1ケ所である。前記の中間的な地域あるいは都市的地域である中区や東区，西区で設置されている。

　1990年代に入ると，1994年に堺市が設置者となる大規模な市民農園が農村的要素の強く残っている地域である南区の調整区域に整備される。堺市の資料によれば，設置の目的として，農林業体験をとおして健康的で活動的なレクリエーションの場を提供すること，南部丘陵地域に残された豊かな自然環境の保全と活用を図り，地域振興に寄与すること，「自然や農業と私たちとの暮らしとのかかわりに」ついて皆さんとともに考え育んでいくことをめざすこととされている。堺市は，1986年に「堺市南部丘陵地域整備基本計画」を策定し，1989年に用地を取得し，1990年に整備に着手，1993年に市民農園整備促進法の大阪府内で第1号となる認定を受け，1994年に「フォレストガーデン」として開園している（堺市産業振興局農政部農水産課，2017b）。市が設置する市民農園は，現在に至るまでも堺市内で最大区画数の284区画からなり，一般市民向けの市民農園だけでなく，福祉農園も整備されている。

　この1994年の市による大規模な市民農園の設置に前後して，JAが設置者となる市民農園はさらに増えており，そのほとんどが都市的要素と農村的要素からみて中間的な地域である中区で3ケ所，東区で4ケ所設置されたが，農村的要素の強く残っている地域である南区にも1ケ所設置された。また，都市計画区域別にみると，市街化区域に5ケ所，調整区域に3ケ所である。

　2000年代に入ると，2001年に，農家による農業体験農園が開設され，順次増加してきている。これまでの設置をみると，中区で3ケ所，東区で2ケ所，南区で4ケ所と計9ケ所になっている。都市計画区域別にみると，中区の1ケ所が市街化区域であるのを除き，残りの8ケ所は調整区域となっている。農家が設置する農業体験農園は調整区域であることが多い。また，これまでJAが設置者となる市民農園は中区や東区に多かったが，農家が設置する農業体験農園は中区や東区のみならず農村的要素の強く残っている地域である南区でも展

表 6-3 堺市における市民農園等のリスト

| 開園年 | 閉園年 | 所在地 | 都市計画 | | 面積 (m²) | 区画 | 1区画の面積 (m²) | 利用料 (円/年) | 設置主体 |
|---|---|---|---|---|---|---|---|---|---|
| 1972 | — | 中区深井畑山町 | 調整区域 | | 495 | 26 | 19 | 9,000 | JA |
| 1972 | 2017 | 中区土塔町 | 市街化区域 | 生産緑地 | 1,104 | 48 | 23 | 8,000 | JA |
| 1975 | 2013 | 中区土塔町 | 市街化区域 | 不明 | 975 | 43 | 23 | 8,000 | JA |
| 1977 | 2007 | 中区深井中町 | 市街化区域 | 不明 | 961 | 42 | 23 | 8,000 | JA |
| 1987 | 2014 | 東区高松 | 市街化区域 | 不明 | 1,031 | 53 | 19 | 10,000 | JA |
| 1987 | — | 西区草部 | 市街化区域 | 生産緑地 | 1,500 | 63 | 24 | 9,000 | JA |
| 1993 | — | 東区草尾 | 市街化区域 | 宅地化農地 | 1,800 | 67 | 27 | 15,000 | JA |
| 1994 | — | 南区釜室 | 調整区域 | | 7,625 | 284 | 25 or 50 | 15,000 or 30,000 | 市 |
| 1994 | — | 中区堀上 | 市街化区域 | 生産緑地 | 1,200 | 45 | 27 | 12,000 | JA |
| 1994 | — | 東区日置荘田中町 | 調整区域 | | 1,300 | 39 | 33 | 8,000 | JA |
| 1994 | — | 中区八田北町 | 市街化区域 | 生産緑地 | 1,157 | 52 | 22 | 13,000 | JA |
| 1995 | — | 南区岩室 | 調整区域 | | 1,980 | 25 | 79 | 12,000 | JA |
| 1995 | 2013 | 東区日置荘北町 | 市街化区域 | 不明 | 1,685 | 50 | 34 | 8,000 | JA |
| 1996 | 2011 | 中区土師町 | 市街化区域 | 不明 | 902 | 34 | 27 | 9,000 | JA |
| 1996 | — | 東区北野田 | 調整区域 | | 1,724 | 66 | 26 | 10,500 | JA |
| 2001 | — | 東区石原町 | 調整区域 | | 1,290 | 22 | 50 | 20,000 | 農家 |
| 2003 | — | 東区日置荘西町 | 調整区域 | | 1,000 | 25 | 40 | 10,000 | JA |
| 2003 | — | 南区片蔵 | 調整区域 | | 2,390 | 65 | 40 | 15,000 | 農家 |
| 2004 | — | 南区桧尾 | 調整区域 | | 1,083 | 12 | 50 | 20,000 | 農家 |
| 2005 | — | 中区小阪 | 市街化区域 | 宅地化農地 | 1,089 | 17 | 40 | 20,000 | 農家 |
| 2006 | — | 中区田園 | 調整区域 | | 1,146 | 18 | 30 or 35 | 20,000 or 35,000 | 農家 |
| 2006 | — | 北区船堂町 | 市街化区域 | 宅地化農地 | 648 | 20 | 25 | 12,000 | 民間 |
| 2007 | — | 東区石原町 | 調整区域 | | 910 | 16 | 43 | 18,000 | 農家 |
| 2008 | — | 中区上之 | 調整区域 | | 1,328 | 30 | 25 | 12,000 | 民間 |
| 2009 | — | 東区石原町 | 調整区域 | | 1,707 | 52 | 29 | 10,000 | 民間 |

| 2010 | — | 中区田園 | 調整区域 | | 3,235 | 58 | 20 | 16,000 | 農家 |
| 2010 | — | 西区草部 | 調整区域 | | 1,277 | 70 | 5～20 | 6,000～30,000 | 民間 |
| 2011 | — | 東区石原町 | 調整区域 | | 1,024 | 27 | 25 | 12,000 | 民間 |
| 2012 | — | 南区豊田 | 調整区域 | | 968 | 30 | 20 | 24,000 | 農家 |
| 2012 | — | 中区田園 | 調整区域 | | 1,057 | 56 | 5～20 | 9,000～33,600 | 民間 |
| 2013 | — | 北区野遠町 | 調整区域 | | 1,024 | 33 | 25 | 15,000 | 民間 |
| 2014 | — | 西区太平寺 | 調整区域 | | 2,130 | 88 | 5～40 | 9,000～72,000 | 民間 |
| 2014 | — | 南区富蔵 | 調整区域 | | 6,600 | 87 | 25～60 | 12,500～30,000 | 民間 |
| 2016 | — | 南区美木多上 | 調整区域 | | 1,470 | 26 | 40 | 22,000 | 農家 |
| 2016 | — | 南区片蔵 | 調整区域 | | 908 | 54 | 4～20 | 7,200～36,000 | 民間 |
| 2016 | — | 中区陶器北 | 調整区域 | | 398 | 26 | 5～20 | 6,000～36,000 | 民間 |
| 2016 | — | 東区日置荘田中町 | 調整区域 | | 796 | 13 | 7.5～15 | 18,000～36,000 | 民間 |
| 2017 | — | 中区土塔町 | 市街化区域 | 宅地化農地 | 1,033 | 68 | 8～16 | 17,280～34,560 | 民間 |
| 2017 | — | 中区土塔町 | 市街化区域 | 宅地化農地 | 296 | 19 | 6～16 | 12,960～34,560 | 民間 |

資料：堺市および JA 堺市資料と聞き取りにより作成.

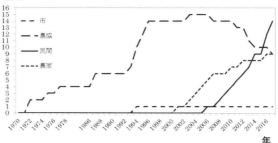

**図 6-9　堺市の設置者別市民農園等の箇所数の推移**
資料：堺市および JA 堺市資料と聞き取りにより作成.

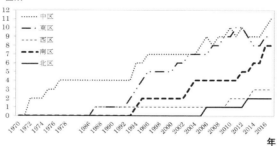

**図 6-10　堺市の行政区別市民農園等の箇所数の推移**
資料：堺市および JA 堺市資料と聞き取りにより作成.

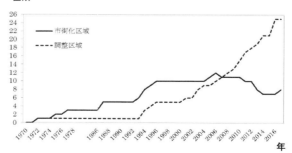

**図 6-11　堺市の都市計画区域別市民農園等の箇所数の推移**
資料：堺市および JA 堺市資料と聞き取りにより作成.

第 6 章　大阪府堺市の市民農園等の設置主体の多様化と立地の変化　127

開している。なお，堺市は農家が農業体験農園を設置する際は，付帯設備に必要な費用を助成している。

　2006 年に，改正特定農地貸付法に基づく民間設置の市民農園が開設され，順次増加してきている。2002 年に構造改革特別区域法が制定され，2005 年に堺市は，大阪府が堺市の他，岸和田市・高槻市・枚方市・茨木市・富田林市・和泉市・大阪狭山市・島本町・豊能町の計 10 市町とで共同提案した「大阪をたがやそう特区」に参加している。特区の目標は，農家だけでは耕作の継続や適切な維持管理が困難となった農地を都市住民の参画を得て農業を活性化し，農地の積極的な保全・活用を図り『府民とともにめざす「食とみどり」の創造』を目指すとされていた。規制緩和の内容としては，特定農地貸付法の市民農園の開設主体を地方公共団体と JA 以外にも拡大することなどが提案されていた。堺市も認定を受けたが，2005 年の特定農地貸付法の改正による全国展開に至っている。民間設置の市民農園は，これまでの設置をみると，中区で 5 ケ所，東区で 3 ケ所，西区で 2 ケ所，南区で 2 ケ所，北区で 2 ケ所と計 14 ケ所となっている。都市計画区域別にみると，中区の 2 ケ所と北区の 1 ケ所の計 3 ケ所が市街化区域であるのを除き，残りの 11 ケ所は調整区域となっている。民間が設置する市民農園は調整区域であることが多い。なお，堺市は民間が市民農園を設置する際，必要な場合は，付帯設備の費用の助成が行われている。

　他方，2001 年以降に生じたこととして，JA が設置する市民農園に閉園する箇所が出ていることがあげられる。2000 年代に中区で 1 ケ所，2010 年代に中区で 3 ケ所と東区で 2 ケ所あり，計 6 ケ所となる。いずれも都市計画区域別にみると，市街化区域である。

　ここで，上記の変遷を行政区別に図示したのが，図 6-12 である。堺市の市民農園等は，当初の 1970 ～ 1980 年代は JA が設置主体となり，中区を中心に整備が進められてきた。人口密度と農地面積から中間的な地域で展開をはじめたといえよう。その後，市民農園等の需要が増加する 1990 年代に入り，市が南区に大規模な市民農園を設置したことで，農村的要素の強く残っている地域である南区にも広がりをみせはじめる。2000 年代に入り，市街化区域内にある JA が設置主体の市民農園では閉園が一部でみられるようになるが，農家に

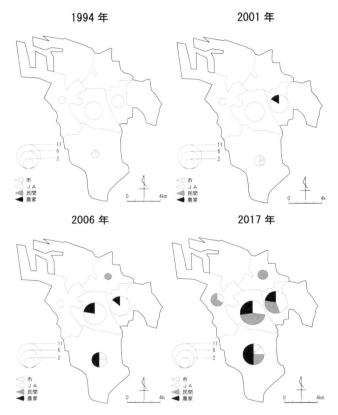

図 6-12 行政区別市民農園等の箇所数の推移
資料：堺市およびJA堺市の資料と聞き取りにより作成.

よる農業体験農園や改正特定農地貸付法による民間設置の市民農園が増加しているとともに，様々な区で立地が進んでいる。

 2017年10月現在の行政区別の市民農園等の区画数および面積を図6-13に示す。これまで，設置主体と立地状況に着目してきたが，区画数および面積をみると，農村的要素の強く残っている地域である南区での供給量が多いことがわかる。図6-14は南区にある民間が設置する市民農園の位置を示したものである。図6-15はその市民農園の周辺の都市計画の状況を示したものであり，

第6章 大阪府堺市の市民農園等の設置主体の多様化と立地の変化　129

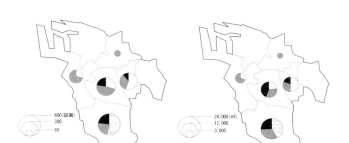

図 6-13　行政区別市民農園等の区画数および面積（2017 年）
資料：堺市および JA 堺市の資料と聞き取りにより作成．

図 6-14　南区の民間が設置する市民農園の位置（☆印）
資料：25,000 分の 1 地形図「富田林」（2007 年発行）より作成．

図 6-15　南区の民間が設置する市民農園の周辺の都市計画の状況
資料：堺市都市計画 HP で検索した画面より引用．

白い部分が調整区域，色のかかった部分が市街化区域である。堺市では，調整区域が市街化区域に極めて近い位置に存在する地域が多い。このことから，堺市では，税制上の課題が少ない調整区域において市民農園等を展開することが可能であり，農村的要素の強く残っている地域である南区に市が市民農園を設置したことが，他の設置主体による市民農園等の設置に波及したものと考えられる。

## 4．堺市における市民農園等の展開からみられる示唆

　以上のことから，堺市の市民農園等については，設置主体の多様性や立地の多様性がみられ，その要因としては，市に財政的・企画的な力量があることと堺市の地域的特性の多様性に要因があるものと考えられた。2000 年頃までは JA が設置主体となり，都市的要素が強い地域を中心に市民農園を増加させるとともに，市が農村的要素の強く残っている地域である南区で市民農園の設置主体となり展開した。2000 年以降は，構造改革特区を提案することも含め，農家による農業体験農園や民間設置の市民農園の整備に助成して増加させている。また，調整区域が市街化区域に極めて近い位置に存在する地域が多く，税制上の課題が少ない調整区域で市民農園等を設置できる地域的特性を活かしている。

　なお，市街化区域内にある市民農園では，複数の JA が設置者となる市民農園が閉園しており，今後も相続が発生した際に市民農園として継続可能かが課題となろう。一方，堺市は 2017 年 3 月に『堺市農業振興ビジョン』を策定している（堺市産業振興局農政部農水産課，2017a）[6]。このビジョンでは，2017 ～ 2026 年度を計画期間とし，市が設置する市民農園である「フォレストガーデン」の利活用の促進とともに，民間による市民農園等の開設・運営の促進が掲げられ，今後も民間が設置する市民農園の増加が予想され，立地の変動を注視していく必要がある。

　大阪府内では，調整区域を有する市が多いことから，堺市のような地域的特

性を活かした方策を取り得る地域は多いものと推察される．市街化区域内農地の相続税の課題が残る限り，市やJAが設置者となる市街化区域内の市民農園は相続が発生した際の課題が残るため[7]，地域として農業体験・学習と交流の場を確保し，都市住民の農業への理解の醸成を行っていく上で，堺市の方策は参考になるであろう．

[注]

1) 市民農園およびこれに類する農業体験農園，福祉農園など多様である．そこで，本章では，「市民農園」は特定農地貸付法に基づき開設されたものを指すこととし，市民農園およびこれに類するものを含めた場合は「市民農園等」と記す．

2) 市民農園等を設置する際には，様々な法律が関わる．本章では，都市地域における市民農園等を扱っており，関係する法律の概要を以下に記す．①農地法は，1952年に制定された．その目的は，国内の農業生産の基盤である農地が現在及び将来における国民のための限られた資源であり，かつ，地域における貴重な資源であることにかんがみ，耕作者自らによる農地の所有が果たしてきている重要な役割も踏まえつつ，農地を農地以外のものにすることを規制するとともに，農地を効率的に利用する耕作者による地域との調和に配慮した農地についての権利の取得を促進し，及び農地の利用関係を調整し，並びに農地の農業上の利用を確保するための措置を講ずることにより，耕作者の地位の安定と国内の農業生産の増大を図り，もって国民に対する食料の安定供給の確保に資することとされている．②生産緑地法は，1974年に，良好な都市環境を確保するため，農林漁業との調整を図りつつ，都市部に残存する農地の計画的な保全を図る目的で制定された．1992年の改正により，三大都市圏の特定市において市街化区域内における農地は，都市計画において保全すべき「生産緑地地区」と「宅地化農地」に区分された．「生産緑地地区」は相続が発生した際，相続した者が終身営農することで相続税納税猶予の適用を受ける．③都市緑地法は，1983年に，都市における緑地の保全及び緑化の推進に関し必要な事項を定めることにより，他の都市における自然的環境の整備を目的とする法律と相まって，良好な都市環境の形成を図り，健康で文化的な都市生活の確保に寄与することを目的として制定された．従前は，農地を対象としていなかったが，下記⑥の都市農業振興基本法の制定を受け，2017年の改正により農地を対象とすることとなった．④特定農地貸付法は，1989年に，特定農地貸付けに関し，農地法等の特例を定める趣旨で制定されている．「特定農地

貸付け」とは，農地についての賃借権その他の使用及び収益を目的とする権利の設定で，要件として，相当数の者を対象として定型的な条件で行われるものであること，営利を目的としない農作物の栽培の用に供するための農地の貸付けであること，政令で定める期間を超えない農地の貸付けであること等が定められている．⑤市民農園整備促進法は，1990年に，主として都市の住民のレクリエーション等の用に供するための市民農園の整備を適正かつ円滑に推進するための措置を講ずることにより，健康的でゆとりのある国民生活の確保を図るとともに，良好な都市環境の形成と農村地域の振興に資することを目的として制定された．この法律において「市民農園」とは，主として都市の住民の利用に供される農地で，（ア）特定農地貸付法の用に供される農地，（イ）相当数の者を対象として定型的な条件でレクリエーションその他の営利以外の目的で継続して行われる農作業の用に供される農地の2種類とそれらの設置に伴う付帯施設としている．⑥都市農業振興基本法は，2015年に，都市農業の振興に関し，基本理念及びその実現を図るのに基本となる事項を定め，都市農業の安定的な継続を図るとともに，都市農業の有する機能の適切かつ十分な発揮を通じて良好な都市環境の形成に資することを目的として，議員立法により制定された．2016年に同法に基づき「都市農業振興基本計画」が閣議決定され，都市農地を，これまでの「宅地化すべきもの」から，都市に「あるべきもの」ととらえることを明確にし，必要な施策の方向性が示された．

3）福祉農園の法律上の定義は，ないように思われる．松本・髙塚（2013）による農林水産省の「農」と福祉との連携の施策の紹介によれば，「障害者の就労及び雇用を目的とする農園」としている．

4）1990年，1995年，2000年のデータは，旧堺市と旧美原町のデータを合算したものである．

5）上記4）と同様である．

6）2017年3月に策定された『堺市農業振興ビジョン』は第3期にあたり，1999年に第1期が，2007年に第2期がそれぞれ策定されている．

7）本章執筆後の2018年3月6日「都市農地の貸借の円滑化に関する法律案」が内閣法として国会に提出された（参議院2018）．この法案が可決したことから，生産緑地の貸借に伴う課題が解決し，生産緑地の貸借が容易になることが期待される（詳細は展望を参照）．

第 6 章　大阪府堺市の市民農園等の設置主体の多様化と立地の変化　133

［参考文献］

東　廉（1993）：市民農園 2 法の構造と問題点．都市問題，84（6），15-25.

荒井正剛（2014）：ここに地理がある　地理の中で生きる私たち（第 5 回）市民農園　その郊外住宅地における意義．地理，59（12），110-115.

石原　肇（2017）：都市農業の東西性．地図中心，532，3-7.

大阪府政策企画部戦略事業室特区推進課特区推進グループ（2014）：大阪をたがやそう特区（http：//www.pref.osaka.lg.jp/tokku/tokku-all/osakatagayasou.html（2017 年 7 月 24 日閲覧））

大阪府環境農林水産部農政室推進課地産地消推進グループ（2017）：農に親しむ施設紹介（http：//www.pref.osaka.lg.jp/nosei/nounisitasimu/index.html（2017 年 7 月 24 日閲覧））

河原典史・石代吉史・最相　準（2001）：大都市近郊地域における市民農園の展開　京都府八幡市を中心として．京都地域研究，15，23-35.

工藤　豊（2009）：わが国における市民農園の史的展開とその公共性．日本建築学会計画系論文集，（74）643，2043-2047.

黒田叔孝・吉村　理（1993）：市街化区域の市民農園　練馬区を事例として．都市問題，84（6），55-67.

堺市市長公室企画部企画推進担当（2012）：堺市の構造改革特区（http：//www.city.sakai.lg.jp/shisei/toshi/saiseikozokai/kaikakutokku.html（2017 年 7 月 24 日閲覧））

堺市産業振興局農政部農水産課（2017a）：『堺市農業振興ビジョン』．

堺市産業振興局農政部農水産課（2017b）：パンフレット「堺市の市民農園」．

新保奈穂美・斎藤　馨（2015）：計画者と利用者からみた「都市の農」の変遷に関する考察．ランドスケープ研究，78（5），629-634.

農林水産省農村振興局農村政策部都市農村交流課都市農業室（2017a）：市民農園を開設するには（http：//www.maff.go.jp/j/nousin/nougyou/simin_noen/s_kaisetu/index.html（2017 年 7 月 24 日閲覧））

農林水産省農村振興局農村政策部都市農村交流課都市農業室（2017b）：全国市民農園リスト（2016 年 3 月末現在）（http：//www.maff.go.jp/j/nousin/nougyou/simin_noen/s_list/（2017 年 7 月 24 日閲覧））

原　修吉（2009）：農業体験農園におけるナレッジマネジメント．農業経営研究，46（4），43-51.

樋口めぐみ（1999）：日本における市民農園の存立基盤　川口市見沼ふれあい農園

の事例から．人文地理，51（3），291-304.

宮地忠幸（2006）：改正生産緑地法下の都市農業の動態　東京都を事例として．地理学報告（愛知教育大学），103，1-16.

宮地忠幸（2015）：東京都練馬区における農業体験農園の社会的役割　地域の価値を創造する都市農業の胎動．地理，60（7），24-33.

松本誠司・髙塚泰誠（2013）:施策報告「農」と福祉との連携について．共済総研レポート，127，19-23.

参議院（2018）：第196回国会（常会）議案情報　都市農地の貸借の円滑化に関する法律案（http://www.sangiin.go.jp/JApanese/joho1/kousei/gian/196/meisai/m19603196043.htm（2018年3月31日閲覧））

# 第7章　大阪府八尾市の「八尾バル」における地産地消の取組み

## 1．地産地消と中心市街地活性化イベントとの連携とその研究方法

　本書では，都市の縮退を考えていく上で，都市農地の保全をしていくための振興施策を考察してきているが，同時に中心市街地の活性化も大きな課題といえよう。戸所（2002）は，コンパクトな都市づくりによる中心市街地の活性化策の必要性を唱えている。近年，中心市街地の活性化策として，100円商店街，バルイベント，まちゼミが注目されている（長坂他2012）。この中で街を飲み歩くイベントであるバルイベントは，2004年の「函館西部地区バル街」での開催に始まり，この開催を端緒として，2009年に千葉県柏市や兵庫県伊丹市で開催され，その後，全国各地での開催が飛躍的に増加してきている。松下（2013）は，「函館西部地区バル街」について，バル街とは，西部地区とバル街マップ（ガイドマップ），ピンチョー（つまみ）の3つで構成されている飲み歩きイベントであるとしている。参加者は例えば1冊5枚のチケットを3,500円で購入し，飲食店はチケット1枚で1ドリンク・1フードを提供するものである。

　このような状況の中，筆者は2016年5月21日，近畿地方などでバルイベントを開催している団体による第11回「近畿バルサミット」（伊丹市主催）に参加し，近畿圏において各地でバルイベントが実施されていることを把握した[1]。これまで「近畿バルサミット」に参加している団体の中で，大阪府八尾市の「八尾バル」や大阪府堺市の「ガシバル」，兵庫県三田市の「三田バル」では，バルイベントにおいて地産地消の取組みが行われている。これらのうち「八尾バル」は，地産地消の取組みとして，地域特産野菜であるエダマメあるいは若ゴボウをつまみの素材としてすべての参加飲食店が使用しており，すでに相当の開催実績がある。

そこで，本章では，大阪府の「八尾バル」を事例に，地産地消の取組みを調査し，地域特産野菜の地産地消をコンセプトとしたバルイベントの成立の背景を，特産野菜の生産と地産地消の取組みという観点から明らかにすることを目的とする。

都市農業が見直される時代を迎え，雑誌『都市問題』では2015年6月号で「特集　都市における農業・農地のいま」が組まれている。この中で内藤（2015）は都市農業と地産地消を論じ，都市における地産地消の効果として，①都市住民が新鮮な農産物を入手できること，②安全・安心な農産物を入手できること，③都市住民（消費者）と農家（生産者）との信頼づくり，④食育の推進，⑤環境の保全と循環型地域社会づくりができること，⑥災害時の食料安全保障の6点をあげている。

農業経済学の分野では，菅野・門間（2007）が，都市住民の地産地消意識の評価を首都圏と地方中核都市で比較するため，東京都世田谷区と岩手県盛岡市の住民を対象として調査を行っている。また，大阪府域を対象とした研究がいくつかみられる。藤田他（2004）は，大阪府が行っている自治体認証「大阪エコ農産物」の特別栽培農産物のブランド訴求による地産地消の推進可能性を検討している。藤田（2009）は，都市農業の振興方策としての学校給食における地産地消の取組みを検討している。大阪府岸和田市JAいずみの「愛彩ランド」を対象として，藤田他（2013）は農産物直売所設置にともなう生産者の意識変化のアンケート調査を，堀野他（2012）は来店者の農業・地場農産物に対する意識調査を行っている。冨田他（2004）は，大阪府北摂地域の酒造業者を中心とした地産地消の取組み実態を把握し課題を提起している。このように生産者あるいは消費者に係る研究が多い中，田中他（2016）は，埼玉県の施策である埼玉県産農産物サポート店における飲食店の登録店舗を対象として，地産地消の推進に関する飲食店店主の意識を調査し，店主は売上増加の期待よりも，地産地消を通して埼玉県の農業に貢献することや県産農産物のアピール，地域活性化等に期待していることを明らかにしている。

地理学においては，奥山・中村（2014）による，埼玉県比企郡吉見町を研究対象地域とした大都市近郊におけるイチゴ産地の変容と地産地消化を明らかに

第 7 章　大阪府八尾市の「八尾バル」における地産地消の取組み　137

したものがみられる。また，筆者は，大都市圏の中心にある東京都と大阪府を
比較した場合，農業の六次産業化の指標として考えられる農業センサスの農業
関連事業のデータから，直売以外の取組みである農業体験農園や農家レストラ
ンなどの数は，東京都で多く，大阪府で少なく，これは近畿地方では水田農業
が主であることに起因しているのではないかと推察している（石原，2017a）。
このように大都市圏における地産地消に関する地理学的研究はあまりみられな
い。

　バルイベントについての先行研究をみると，松下（2009）は，「函館西部地
区バル街」の集客メカニズムを普段行くことのできない店の敷居の低さにある
ことにあるとしている。真鍋（2013）は，近畿地方のバルイベントを対象とし，
バルイベントの集客メカニズムは敷居の低さだけでなく，通常 1 軒の店に行く
料金で複数の店を楽しめることにあるとしている。商店街活性化イベントとし
て継続的にバルイベントを実施していく観点から，清水・中山（2014, 2015）は，
「あるくん奈良まちなかバル」を対象に調査を行い，バルイベントに来た客に
よる飲食店の評価を参加飲食店に知らせることの重要性を指摘している。角谷
（2015）は，「伊丹まちなかバル」を対象として調査し，バルイベント開催以降
の実施区域の商店街での飲食店の増加を確認している。長・樋口（2016）は，
新潟県の「ながおかバル街」によるまちの賑わい創出を論ずる上で，全国のバ
ルイベントの実施状況についてインターネットを中心に調べているが，近畿地
方についてみるとインターネットでの検索による限界が見受けられる。このよ
うに先行研究は，商学や建築学の視点からごくわずかしかみられない。

　まちあるきマップに着目すると，遠藤（2016）によりまちあるきブームをふ
まえての実務的な関心は持たれている。しかし，地理学研究の対象としては，
まちあるきマップには必ずしも関心が持たれてはいないようである。また，
中心市街地のイベントに関する地理学研究をみると，駒木（2016）は，愛知県
豊橋市を研究対象地域として商店街を場としたまちづくり活動を報告している
が，回遊型イベントであるバルイベントを扱ったものではない。他方，五嶋
（2012）は，長野県岡谷市での回遊型イベントである日本酒の飲み歩きイベン
トを報告しているが，造り酒屋が集積する地域を対象としたものであり，日本

酒生産の場を観光資源として活用している事例である。

　このように地理学的な視点でのバルイベントに関する先行研究がみられない中，筆者は，「伊丹まちなかバル」の取組みを対象として，開催する上で必要不可欠な要素としてのガイドマップに着目し，その変遷を把握し，参加者にとって使いやすく，かつ参加店舗の提供内容がわかりやすいガイドマップへと改善が続けられていることを明らかにしている（石原，2016）。また，筆者は，滋賀県では，中心市街地活性化基本計画策定市4市と，近畿圏の中で兵庫県に次いで2番目に多く，中心市街地の活性化が課題となっている市が多いことから，同県の各市において開催されたバルイベントに着目し，都市の規模，開催の状況と継続性，ガイドマップの特徴等，それぞれの地域的特性を明らかにしている（石原，2017b）。

　ここで八尾市の農業に着目した地理学研究をみてみよう。山中（1977）は，現在の八尾市と東大阪市の一部を明治・大正期の八尾地域として捉え，農家副業からみた八尾地域の変容を明らかにしている。八尾地域が，大阪府の中では畑作に適した場所が多く，綿作が衰退した後，大阪市との近接性から農家副業が発達したとしている。高橋（1991）は，改正生産緑地法施行前の1990年代初頭に八尾市を研究対象地域として調査を行い，都市農業の特質とその問題点を指摘している。

　なお，これらの他に，農業経済学の分野では，東（1982）が，八尾市における農民の「出作」について調査をしている。また，八尾市に立地する大阪経済法科大学で公開講座が開かれ，豊田（2009）が近年の八尾市の農業を特産のエダマメを用いて紹介している。さらに，国土交通省都市局（2015）は，2014年度『集約型都市形成のための計画的な緑地環境形成実証調査』の一地域として八尾市の都市空間のあり方を検討し，都市農業・農地の調査を行っている。

　八尾市の農業に着目した地理学研究は，近年はなされていない。大都市圏の農業における地産地消に関する研究は，生産者あるいは消費者に視点を置いたものがほとんどであり，飲食店に着目した研究は農業経済学の分野で田中他（2016）にみられるだけである。一方，バルイベントに関する研究は，バルイベントそのものに視点を置いたものがほとんどであり，バルイベントを通じた

第7章 大阪府八尾市の「八尾バル」における地産地消の取組み 139

図 7-1 研究対象地域

地産地消の取組みに着目した研究はみられない。小長谷（2012）は，地域活性化を検討する上で地域商業の重要性を説くとともに，成功事例の分析が必要であることを指摘している。このようなことから，本研究において，開催実績のある「八尾バル」を取り上げ，地域特産野菜の地産地消をコンセプトとしたバルイベントの成立の背景を明らかにすることは意義あるものと考える。

　研究対象地域は，大阪府八尾市とする（図 7-1）。八尾市は，大阪府の中央部東寄りに位置する，市域は 41.72km$^2$，人口 26.9 万（2015 年 10 月 1 日現在，国勢調査）の中核市である。同市は，西は大阪市に，北は東大阪市に，南は柏原市や松原市，藤井寺市に，東は生駒山系を境にして奈良県に接している。交通の面からみると八尾市は大阪市の南東部に隣接しており，JR 関西本線（大和路線）と近鉄大阪線，大阪市営地下鉄谷町線の 3 本の鉄道で大阪市と結ばれ，

大阪市都心部への所要時間が約15分となっている。また，近畿自動車道や大阪中央環状線，外環状線，国道25号が市域を通っている。

このように，交通利便性が高いことから，早くから大阪市の近接の住宅地として発展するとともに，工場の立地が進み，日本で有数の中小企業のまちとなっている。一方で，豊かな自然と歴史・文化を有している。高安山はみどり豊かなレクリエーションの場となっており，山頂からは大阪平野を一望することができる。農業は比較的盛んであり，花き・花木のほか，エダマメや若ゴボウなどの特産品がある。山麓のため池には，絶滅危惧種に指定されている日本固有の淡水魚ニッポンバラタナゴが生息しており，自然再生推進法の協議会が設置され，保全の取組みが進められている（環境省，2014）。

なお，国勢調査の結果から人口についてみると，大阪府全域では1990年から2010年まで増加し，2015年に減少しているが，八尾市では1990年以降一貫して微減傾向にあり，人口増加による都市化の圧力は早い時点で弱くなっていることが推察される（図7-2）。

本章において，まず，地域特産野菜が現在も栽培されている八尾市の1990年以降の農業の状況について，農業に関する統計に基づき農業経営基盤と栽培品目の変化という観点から明らかにする。分析では，主に1990年から2015年

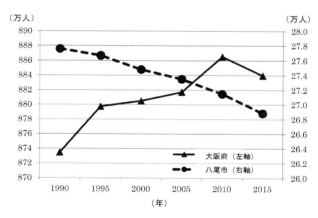

図7-2 大阪府および八尾市の人口の推移（1990～2015年）
資料：国勢調査各年により作成.

までの農業センサスによるデータを使用している。

　次に，バルイベントについては，八尾バル実行委員会（以下，実行委員会）からバルマップや参加店舗数およびチケット販売数のデータの提供を受けた[2]。また，地産地消の取組みのコンセプトや運営方法などについて実行委員会から聞き取りを行った。くわえて，2016年7月30日（第11回）と2017年3月4日（第12回），2017年7月22日（第13回）に行われたバルイベントの現地での観察を行った。

　これら収集した八尾市の農業の状況やバルイベントに関する情報を考察し，「八尾バル」における地域特産野菜の地産地消をコンセプトとしたバルイベントの成立の背景を明らかにする。なお，筆者が過去に行った調査（石原，2016）での伊丹市への聞き取り結果を補足的に用いた。

## 2. 八尾市における都市農業の状況

### （1）農業経営基盤の推移

　八尾市の農業経営の基盤となる農家戸数の推移を示したのが図7-3である。同市の農家戸数は1990年に1,775戸であったものが，2015年には975戸とおよそ54.9％にまで減少している。専業農家戸数については，1990年に234戸であったものが，2015年には109戸に減少しており，専業農家の占める割合は13.3％から11.2％へと低下している。第1種兼業農家については，1990年に172戸であったものが，2015年には14戸に減少しており，第1種兼業農家の占める割合は9.7％から14.4％となっている。第2種兼業農家については，1990年に1,369戸であったものが，2015年には149戸に減少しており，第2種兼業農家の占める割合は77.1％から15.3％となっている。2000年から区分が設けられた自給的農家については，2000年に734戸であったものが，2015年には703戸に減少している。しかし，自給的農家の占める割合は2000年の55.9％から2015年の72.1％と大きくなっている。

　大阪府全域における農家戸数の推移と八尾市のそれとを比較すると，1990

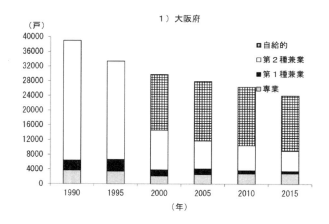

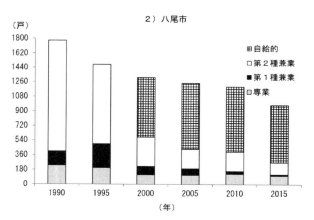

図 7-3　大阪府および八尾市の農家戸数の推移（1990 〜 2015 年）
資料：農業センサス各年により作成.

年から 2010 年までは同じ程度で減少してきているが，2010 年から 2015 年にかけては八尾市での減少が大きい。

　八尾市の農業経営の基盤となる経営耕地面積の推移を示したのが図 7-4 である。同市の経営耕地面積は 1990 年に 592ha であったものが，2015 年には 157ha と 73.5％減少している。府全域の経営耕地面積の推移と八尾市のそれとを比較すると，2000 年以降の同市の経営耕地面積の減少が著しい。また，府

第 7 章　大阪府八尾市の「八尾バル」における地産地消の取組み　143

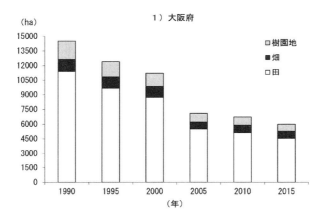

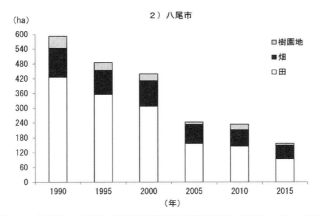

図 7-4　大阪府および八尾市の経営耕地面積の推移（1990 〜 2015 年）
資料：農業センサス各年により作成.

全域の経営耕地面積の内訳と同市のそれを比較すると，同市において畑や樹園地の占める割合が大きい傾向にある．

### （2）八尾市の栽培品目の推移と地域特産野菜

次に，栽培品目の推移をみよう．八尾市の 1 位品目別農家戸数の推移をみたのが，図 7-5 である．同市においては，1990 年から 2015 年にかけて，稲が 1

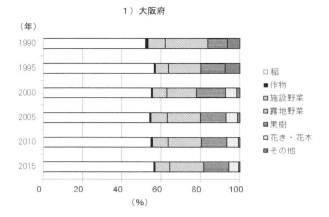

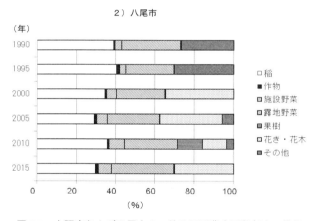

図7-5 大阪府および八尾市の1位品目別農家戸数割合の推移
（1990〜2015年）
資料：農業センサス各年により作成．

位品目である農家戸数は40%弱から約30%にまで低下してきている。露地野菜や花き・花木が1位品目である農家が占める割合が常に過半を占めている。府全域の1位品目別農家戸数の推移をみると，一貫して稲が1位品目である農家戸数の割合が過半を占めているが，それと比較して，八尾市は園芸の盛んな地域であり，その傾向が強まってきているといえよう。

八尾市はHPで特産野菜として，エダマメと若ゴボウ（八尾市経済環境部産業政策課農業振興係，2011，2012）を取り上げている。HPによれば，同市のエダマメは，近畿地方で第1位の収穫量を誇る。また，若ゴボウは，出荷量が300tを超え，全国でもトップクラスとしている。食物繊維や鉄分，カルシウム，ルチンを多く含み，健康食材としても注目を浴びており，「葉ゴボウ」とも呼ばれ，葉・茎・根を丸ごと食べることができ，しゃきしゃきとした歯ざわりとほのかな苦味が食卓に春を運ぶとされている。

このようにエダマメと若ゴボウは，八尾市の地域特産野菜となっている。筆者は，第12回「八尾バル」が開催

写真7-1　JA大阪中河内農産物直売所「畑のつづき」八尾店の様子
資料：筆者撮影（2017年3月4日）

写真7-2　観光案内所内に掲示された八尾若ゴボウのポスター
資料：筆者撮影（2017年3月4日）

された2017年3月4日午後に若ゴボウを販売しているJA大阪中河内農産物直売所「畑のつづき」八尾店に販売の様子を確認に出向いたが，すでに売り切れの状態であった（写真7-1）。また，若ゴボウのPRは市内の消費者のみならず，市外から訪れる人の目にも留まるよう，八尾市観光協会でもポスターが掲示されるなどの取組みがなされている（写真7-2）。


## 3．「八尾バル」の特徴

### （1）開催状況

「八尾バル」は，2011年10月29日に第1回が開催され，以降2017年7月22日の第13回まで継続している（表7-1）。第1回は開催時期が秋野菜の季節

表 7-1 「八尾バル」の開催経過

| 回 | 年月日 | 開催時間 |
|---|---|---|
| 1 | 2011 年 10 月 29 日 （土） | 17 時～ 23 時 |
| 2 | 2012 年 3 月 18 日 （日）・19 日 （月） | 12 時～ 16 時 （Café バル）<br>17 時～ 23 時 （夜バル） |
| 3 | 2012 年 7 月 28 日 （土） | 12 時～ 23 時 |
| 4 | 2013 年 3 月 9 日 （土） | 12 時～ 23 時 |
| 5 | 2013 年 7 月 27 日 （土） | 12 時～ 23 時 |
| 6 | 2014 年 3 月 1 日 （土） | 12 時～ 23 時 |
| 7 | 2014 年 7 月 26 日 （土） | 12 時～ 23 時 |
| 8 | 2015 年 3 月 21 日 （土） | 12 時～ 23 時 |
| 9 | 2015 年 7 月 25 日 （土） | 12 時～ 23 時 |
| 10 | 2016 年 3 月 26 日 （土） | 12 時～ 23 時 |
| 11 | 2016 年 7 月 30 日 （土） | 12 時～ 23 時 |
| 12 | 2017 年 3 月 4 日 （土） | 12 時～ 23 時 |
| 13 | 2017 年 7 月 22 日 （土） | 12 時～ 23 時 |

資料：八尾バル実行委員会提供資料および聞き取りにより作成.

であり，八尾市産の野菜をつまみの素材に使うことからスタートしている。第2回は 2012 年 3 月 18 日と 19 日に，第 3 回は 2012 年 7 月 28 日に，それぞれ開催されている。八尾市の地域特産野菜である若ゴボウの旬である 3 月，あるいはエダマメの旬である 7 月に合わせて開催時期が設定された。以降，年 2 回，若ゴボウとエダマメのそれぞれの旬の時期である 3 月と 7 月での開催が定着し継続して開催されている。チケットは，5 枚綴りで，前売り 3,000 円，当日売り 3,500 円となっている。

　参加飲食店数とチケット販売数の推移を図 7-6 に示す。第 1 回の参加飲食店数は 16 店舗であった。これが，第 12 回には 39 店舗にまで増加し，チケット販売数も増加傾向にある。参加飲食店数やチケット販売数の変化や，年 2 回，着実に開催を継続してきていることから，「八尾バル」は，バルイベントの成功事例の一つとして考えられるであろう。

　ガイドマップについてみると，第 1 回から第 11 回までは，折りたたみ型のガイドマップであったが，第 12 回では，ブック型のガイドマップになっている（写真 7-3）。このガイドブックのマップから，第 12 回の参加飲食店の立地

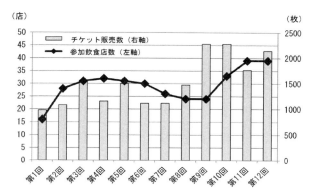

**図 7-6** 「八尾バル」の参加飲食店数とチケット販売数の推移
資料：八尾バル実行委員会提供資料により作成.

についてみると，図 7-7 のとおり実行委員会の本部が置かれた近鉄八尾駅と河内山本駅，JR 八尾駅の 3 カ所である（八尾バル実行委員会，2017b）。近鉄八尾駅の周辺の参加飲食店数が 25 店と最も多く，近鉄線の河内山本駅と JR 八尾駅で各 7 店となっている。

**写真 7-3** ブック型（第 12 回）とマップ型（第 11 回）
資料：筆者撮影（2017 年 10 月 12 日）

### （2）開催コンセプトとその効果

ここで「八尾バル」の開催のコンセプトをみよう。第 12 回を終えた後に出された『八尾バル実行委員会報告書（以下，報告書という）』（八尾バル実行委員会，2017b）には，開催概要が記載されている。開催目的として，「『八尾に来てもらう』大阪府在住でもそれほど知らない八尾市。でも来てみればいい町ということがわかってもらえるはず！ということで『八尾に来てもらって八尾を知ってもらう！』」との説明が記載されている。また，実行委員長のコメントが掲載されており，「各地で開催されている様々なバルイベントの中でも，地域に根付いた「地産地食」をコンセプトにしているのは，『八尾バル』の他

図 7-7　第 12 回「八尾バル」のガイドマップブックにみる参加飲食店の位置
資料：八尾バル実行委員会（2017a）

には『三田バル』だけであり，さらに全参加店にて同じ地元食材を使い一品を出していただいているのは『八尾バル』だけ」とされている。

　2017 年 4 月 18 日に行った実行委員会への筆者による聞き取りによれば，他のバルイベントのように参加店舗に任せるのではなく，八尾市ならではのバルイベントにしたいとの思いから，第 1 回から地産地食をコンセプトにした[3]。ただし，第 1 回では，地産地食は決まったが，開催時期が秋だったため，エダマメと若ゴボウはともに収穫時期ではなく，八尾市産の野菜の利用を参加条件とした。その後，第 2 回からエダマエと若ゴボウという地域特産野菜の利用を参加条件とした。飲食店からは自由に作りたいという声もあったが，それほど高価な食材でもなく，八尾市ならではのバルイベントにしたいと実行委員会が説明し，飲食店の協力を仰いだ。

　また，報告書では，実行委員会が参加者に行ったアンケート調査結果が掲載

されており，回答者は41名で，八尾市内27名，八尾市外12名，大阪府外2名となっている。このアンケート調査結果の記載から，バルイベントそのものへの満足度が高く，市内在住者でも認識していなかった地域特産野菜である若ゴボウの存在を知る機会となっていることなど，開催コンセプトの効果が現れているものと考えられる[4]。

## （3）運営方法の特徴

　ここで，このようなコンセプトをどのように実現しているかをみよう。「八尾バル」の実施主体は実行委員会である。実行委員会は，委員長以下，全員市民ボランティアで会社員，主婦，フリーライター，学生により構成されている。したがって，事務局も一般市民により運営されている。実行委員会は，2012年度と2013年度の2カ年に限り，八尾市市民活動支援基金助成金を受けている。八尾市人権文化ふれあい部市民ふれあい課（2017）によれば，この助成金は，市民活動団体が継続活動を行っていくためには，しっかりとした組織基盤が必要とされており，そのため団体の組織基盤の強化を図り，助成終了後に自立・継続・発展して事業が行える組織力を培ってもらうことを目的としており，団体設立時や団体が発展的に事業展開を図る段階の事業に対して助成を行っている。その助成対象は，①市民活動団体が新たに行う事業または既存の事業を拡大し，もしくは発展させる事業，②公益性のある事業，市内全域の市民が受益者となり得る公益に資する事業となっている。実行委員会の活動は，これらに該当するものと判断されている[5]。このように，実行委員会の活動が上記の①と②を満たしていることから，すべての飲食店を対象とした活動ではないものの，助成対象となっている。

　飲食店への参加の呼び掛けは，実行委員会のメンバーによる個別訪問により行われている。飲食店の参加条件は，開催時期に応じて地域特産野菜であるエダマメあるいは若ゴボウをつまみの素材として必ず使うことである。

　ここで，近畿地方で最も早い時期にバルイベントを開催し継続している兵庫県伊丹市の「伊丹まちなかバル」の運営方法をみよう。実施主体は伊丹市中心市街地活性化協議会である。これは，伊丹市が中心市街地活性化基本計画の策

表7-2 「八尾バル」と「伊丹まちなかバル」の運営方式の比較

| 項目 | 八尾バル | 伊丹まちなかバル |
|---|---|---|
| 実施主体 | 実行委員会 | 伊丹市中心市街地活性化協議会 |
|  |  | 伊丹市 |
| 実施主体の構成メンバー | 一般市民 | 伊丹市商工会議所 |
|  |  | 伊丹都市開発（株）など |
| 参加店舗への呼び掛け | 実行委員による個別訪問 | 市報による掲載 |
| 事務局 | 実行委員会 | 伊丹都市開発（株） |

資料：八尾バル実行委員会への聞き取りおよび石原（2016）により作成．

写真7-4 「八尾バル」におけるつまみの例
資料：筆者撮影（左側2016年7月30日，右側2017年3月4日）
注：エダマメはカキのグラタンの具としてそのままの形状で用いられている（左側）．また若ゴボウはオムライスの具として茎を薄くスライスして用いられている（右側）．

定市であることに起因している．同協議会の構成メンバーは，伊丹市や伊丹市商工会議所，伊丹都市開発（株）などである．事務局は，伊丹都市開発（株）が担っている．飲食店への参加の呼び掛けは，市報により周知されている．

「八尾バル」と「伊丹まちなかバル」の運営方法の比較を表7-2に示した．「八尾バル」の実施主体である実行委員会は市民が自発的に活動を行っている組織であり，運営にあたって組織間の制約が少ないものと推測される．このことにより，開催時期に応じて地域特産野菜であるエダマメあるいは若ゴボウをつまみの素材（写真7-4）として必ず使うという参加条件を飲食店に課すことが可

能であり，参加全店舗が同一の地域特産野菜を食材として使ったつまみを提供することを可能にしているといえよう。

　なお，すでに農家と取引のあった飲食店ばかりではないので，飲食店へのエダマメや若ゴボウの供給にあたっては，JA 大阪中河内農産物直売所「畑のつづき」八尾店の協力が一貫して得られている。第 12 回では，個別の農家からの直接供給もなされている。農業側からみても，「八尾バル」への協力は，地産地消の推進という観点から意義あるものとなっているものと考えられる。


## 4．地域特産野菜の地産地消をコンセプトとした取組みが　　実施可能な背景

　本章では，「八尾バル」の全参加飲食店が地域特産野菜であるエダマメあるいは若ゴボウをつまみの素材とした地産地消の取組みをみてきた。このような取組みを可能としている背景として，以下の 2 点が考えられる。

　第 1 に，八尾市の農業生産の地域的特性である。同市は，大阪府の中でも野菜や花きなどの園芸が盛んな地域であり，現在でもエダマメや若ゴボウといった地域特産野菜が栽培されている。地産地消を全面に打ち出す象徴となるエダマメや若ゴボウという素材が存在している。

　第 2 に，「八尾バル」は市民が主体となり実行委員会が組織され，運営されてきていることである。実行委員会は，八尾市を知ってもらうため，参加飲食店が地域特産野菜であるエダマメや若ゴボウを用いたつまみの提供を徹底することで，他のバルイベントとの差別化を図っている。このような運営方法を可能にしているのは，実行委員会が地方公共団体等から制約を受けずに運営を行っていることからと推察される。

　これら 2 つの背景があり，地域特産野菜の地産地消をコンセプトとした「八尾バル」が開催できていることは，他のバルイベントとの差別化が図られ，継続開催を可能にしている要因の一つにもなっていると考えられる。

152

［注］

1) 筆者は，「近畿バルサミット」に第11回だけでなく，2016年10月22日開催の第12回，2017年5月20日開催の第13回にも出席している．

2) 第13回は，本稿の投稿直前の2017年7月22日に開催されており，チケット販売数は不明である．

3) 「単なる消費ではなく，地元で地元の食材を楽しみ，地元愛を育んでもらいたい．地元にいても知らないことを知ってもらいたい」という思いからとのことである．

4) 「楽しかったか？」の質問に，63.4%が「楽しかった」，36.6%が「とても楽しかった」と答えており，「あまり楽しくなかった」と「楽しくなかった」はそれぞれ0%となっている．また，「若ごぼうのおいしさを堪能できたか？」の質問に，65.0%が「とてもそう思う」，32.5%が「そう思う」と答えており，「あまりそう思わない」が2.5%，「そう思わない」が0%となっている．さらに，自由記述では，「八尾に生まれたのに知らなった特産品を知れました！若ごぼうおいしかったです！」といった回答もみられる．また，「マップも見やすく全部おいしそう！行くお店に悩みました！」との記述がみられる．

5) 2017年10月12日に，八尾市市民活動支援基金助成金を所管する八尾市人権文化ふれあい部市民ふれあい課に助成の対象事業について確認した．


［参考文献］

東　照敏（1982）：大阪府八尾市における農民の「出作」についての調査研究．近畿大学教養部研究紀要，13（3），35-53．

石原　肇（2016）：伊丹まちなかバルにみるガイドマップの変遷．地域活性学会大会論文集，8，355-358．

石原　肇（2017a）：都市農業の東西性．地図中心，49，307-314．

石原　肇（2017b）：滋賀県におけるバルイベントの地域的特性．日本都市学会年報，50，241-250．

遠藤宏之（2016）：昨今の「まちあるきマップ」について．地理，729，110-113．

奥山晃弘・中村康子（2014）：大都市近郊におけるいちご産地の変容と地産地消化－埼玉県比企郡吉見町を対象として－．学芸地理，69，46-63．

環境省（2014）：自然再生事業の推進に向けた取組状況（http：//www.env.go.jp/nature/saisei/law-saisei/senmon/h25_02/mat02.pdf（2017年7月22日閲覧））

国土交通省都市局（2015）：『大都市近郊部の農地を保全・活用する方策の検討（「農」

ある良好な八尾の都市空間のあり方を検討する会）報告書』．国土交通省都市局．

五嶋俊彦（2012）：景観＋飲食＋購入の観光3要素－SAKE（日本酒）ツーリズムによる地域活性化－．小長谷一之・福山直寿・五嶋俊彦・本松豊太『地域活性化戦略』晃洋書房，129-201．

小長谷一之（2016）：地域活性化を考える視点．小長谷一之・福山直寿・五嶋俊彦・本松豊太『地域活性化戦略』晃洋書房，1-57．

駒木伸比古（2016）：商店街を場としたまちづくり活動．根田克彦編著『まちづくりのための中心市街地活性化』古今書院，79-99．

清水裕子・中山　徹（2014）：継続的な商店街活性化イベントのありかたに関する研究－あるくん奈良まちなかバルを事例として－．日本建築学会技術報告集，20（44），285-290．

清水裕子・中山　徹（2015）：「商店街活性化イベントのインターナル・ブランディングに関する研究－あるくん奈良まちなかバルを事例として（その2）－．日本建築学会技術報告集，21（49），1229-1234．

菅野雅之・門間敏幸（2007）：首都圏および地方中核都市住民の地産地消意識の評価－世田谷区・盛岡市の住民を対象として－．農村研究，104，76-89．

角谷嘉則（2015）：商店街におけるコーディネーションの分析－飲食店の増加とバル街による変化－．流通，36，31-45．

高橋正明（1991）：都市農業の特質とその問題点－大阪府八尾市の場合－．大手前女子大学論集，25，89-103．

田中裕人・染谷美奈・上岡美保（2016）：地産地消の推進に関する飲食店店主の意識－埼玉県産農産物サポート店における飲食店の登録店舗を対象として－．農村研究，123，15-26．

長　聡子・樋口　秀（2016）：「ながおかバル街」によるまちの賑わい創出：来店機会創出イベントの効果と課題．日本建築学会計画系論文集，723，1145-1152．

戸所　隆（2002）：コンパクトな都市づくりによる都心再活性化政策．季刊中国総研，6（1），1-10．

冨田敬二・藤原亮介・内藤重之（2004）：酒造業者を中心とした地産地消の取組実態と課題－大阪府N酒造の取組を事例として．農政経済研究，26，51-62．

豊田八宏（2009）：研究会報告　八尾市農業の紹介－特産の「えだまめ」を中心に－．大阪経済法科大学地域総合研究所紀要，2，199-203．

内藤重之（2015）：都市農業と地産地消．都市問題，106（6），98-104．

長坂泰之・齋藤一成・綾野昌幸・松井洋一郎・石上　僚・尾崎弘和（2012）：『100円商店街・バル・まちゼミ　お店が儲かるまちづくり』学芸出版社.

藤田武弘（2009）：都市農業振興に向けた取り組みと学校給食における地産地消－大阪府下の取り組みを手がかりに－．経済理論，350，19-39.

藤田武弘・内藤重之・大西敏夫（2004）：特別栽培農産物のブランド訴求による地産地消の推進可能性－自治体認証「大阪エコ農産物」を手掛かりに－．農政経済研究，26，1-18.

藤田武弘・堀野涼子・木川夏香・清原大地・中村文香・藤井　至・大浦由美（2013）：JA農産物直売所設置にともなう生産者の意識変化－大阪府岸和田市JAいずみの「愛彩ランド」出荷部会へのアンケート調査結果－．観光学，8，45-53.

堀野涼子・田又あすか・平野竜司・藤原佳代・山根絵美・山本彩佳・大浦由美・藤田武弘（2012）：JA農産物直売所における来店者の農業・地場農産物に対する意識調査結果－大阪府岸和田市JAいずみの「愛彩ランド」を事例に－．観光学，6，75-84.

松下元則（2009）：函館西部地区バル街の集客メカニズム．食生活科学・文化及び環境に関する研究助成研究紀要，24，191-199.

松下元則（2013）：函館西部地区バル街の概観：歩み・参加者行動・仕組み．福井県立大学論集，41，87-112.

真鍋宗一郎（2013）：回遊型飲食イベント（バルイベント）の集客メカニズムについて．創造都市研究 e，8（1），1-25.

八尾市経済環境部産業政策課農業振興係（2011）：八尾えだまめのご紹介（http：//www.city.yao.osaka.jp/0000002056.html（2017 年 7 月 22 日閲覧））

八尾市経済環境部産業政策課農業振興係（2012）：八尾若ごぼうのご紹介（http：//www.city.yao.osaka.jp/0000002896.html（2017 年 7 月 22 日閲覧））

八尾市人権文化ふれあい部市民ふれあい課（2017）：市民活動支援基金助成金（http：//www.city.yao.osaka.jp/0000035107.html（2017 年 10 月 12 日閲覧））

八尾バル実行委員会（2017a）：『八尾バルガイドブック』八尾バル実行委員会.

八尾バル実行委員会（2017b）：『第 12 回八尾バル報告書』八尾バル実行委員会.

山中　進（1977）：明治・大正期の農家副業からみた八尾地域の変容．人文地理，29（6），563-589.

# 第8章　大阪府柏原市の伝統的ブドウ産地の多様な取組み

## 1.　伝統的ブドウ産地とその研究方法

　第5章では，ほぼ全域が都市的地域である大阪府の農業について1990年から2015年までの変化を概観し，農業経営基盤の脆弱化，地域による主要作目の差異を確認し，農業関連事業等への取組みは直売を除くとそれほど多くはないという地域的特性を把握した。その上で，果樹や野菜といった園芸を振興しつつ，田の減少を抑えるための方策を講じることが急務であると指摘した。大阪府の地域的特性をふまえ，野菜生産の盛んである地域に着目し，第6章では堺市における市民農園等の設置主体の多様化と立地の変化を，第7章では同様に野菜生産の盛んである八尾市における地域特産野菜を活用した地域活性化イベントの取組みが行われている背景を明らかにしている。他方，大阪府内の果樹生産についてみると，中河内地域の柏原市や南河内地域の羽曳野市等では，土地利用については樹園地が多く，売り上げ1位品目が果樹である農家が多く，農業関連事業では観光農園が多くみられることを把握しているに止まっている。

　ここで，柏原市に着目すると，柏原市産業振興課（2017a）によれば，「柏原ぶどうは一名「河内ぶどう」あるいは「堅下ぶどう」とも呼ばれ，栽培は古く今から280年前と言われ，1878（明治11）年頃に，大阪府が沢田村（現藤井寺市）に設けた指導園で育成した苗木を堅下村平野（現柏原市）の中野喜平氏が栽培に成功したのがきっかけになって普及した。また，大正時代は，第1次世界大戦後に好景気が続きぶどうの需要が増大し，1921（大正10）年に出荷組合を設立して他府県へ貨車で出荷販売し，1928（昭和3）年〜1935（昭和10）年には大阪府は全国で第1位のぶどう産地に発展したと。さらに，昭和30年代（1955〜1964年）から台風や高度経済成長の影響をうけ，また他府県産ぶど

うの入荷もあり農家の経営面積も縮小され，現在は，大阪中央市場や他府県に
出荷販売し，また都市住民のため観光ぶどう狩りや，ぶどうの宅配便などで発
展している。」としている。そこで，本章では，大阪府の伝統的ブドウ産地で
ある柏原市を研究対象地域として，農業の動態と近年の取組みについて把握す
ることを目的とする。

　内山（2013）は，日本における主要果樹生産の展開を論じ，温州ミカンやリ
ンゴなどと並び，ブドウについても言及している。それによれば，ブドウは江
戸時代にすでに栽培され，明治期に別品種のブドウが日本に導入され，第2次
世界大戦後に生産が拡大したが，1970年代後半以降に果樹園面積は減少した
とし，ブドウ生産の核心地は山梨県中央部と長野県北部および東部であること
を明らかにしている（内山，2013）。

　都市地域における果樹生産について，最も早い時期に論じたのは，安藤（1958）
と思われる。安藤（1958）は，愛知県名古屋市の果樹生産農家を対象として，
大都市という地域的特性と果樹という労働集約的作目の特性から，農家の専業
化と兼業化の二極化が生じていることを指摘した。1990年以降についてみる
と，東京都稲城市におけるナシ農家の直売を対象として，宮地（2006）がその
取組みを，林（2013）が経営特性に関する報告をしている。また，ブルーベリー
に関しては，林（2015）が東京都小平市を中心に北多摩地域にみる栽培発展の
経過を明らかにし，半澤他（2010）が東京都練馬区における観光農園の立地と
その現状を報告している。

　大阪府柏原市の果樹生産に関する研究をみると，中藤（1967）が柏原市堅下
地区を対象地域としてブドウ生産地の形成と都市化に伴う変貌を明らかにして
いる。また，高橋（1967）は近畿地方の複数の市場出荷型産地の一つとして，
柏原市のブドウ生産も取り上げ，出荷組織が弱体化してきていることを指摘し
ている。鈴木（1970）は，大阪市の近郊にある果樹作地域として柏原市のブド
ウ生産の変容を把握している。このように，1960年代後半から1970年にかけ
ての研究はみられるものの，それ以降の柏原市のブドウ生産地域に着目した研
究はみあたらない[1]。

　他方，内山他による日本の果樹栽培地域の分布パターンに関する一連の研究

第 8 章　大阪府柏原市の伝統的ブドウ産地の多様な取組み　157

図 8-1　研究対象地域

から大阪府河内地域についてのブドウ栽培密度に関する記述がみられる。山本・内山（1985）は，農業センサスを用いて日本を 305 の地域に区分し，主要な果樹の栽培密度の 1960 年から 80 年の動向を把握している。1960 年のブドウの栽培密度は 8 区分され，大阪府河内地域は最も密度の高い区分から 2 番目であった。1970 年と 1980 年でのそれは 6 区分され，大阪府河内地域は 3 番目の区分となっている。内山・亀井（1999）は 1990 年について，内山他（2004）は 2000 年について，上記と同様の分析を行っており，さらに密度の高さの区分順位は低下しているものの，栽培密度が引き続き高い地域であることが示されている。

　研究対象地域は，大阪府柏原市とする（図 8-1）。柏原市の市域は 25.33km$^2$，人口 71,112 人（2015 年 10 月 1 日現在，国勢調査）である。図 8-1 に示すとおり，柏原市は，大阪平野の南東部，大阪府と奈良県との府県境に位置しており，北側では八尾市，西側では藤井寺市，南側では羽曳野市，東側では奈良県と接している。柏原市産業振興課（2015）によれば，市域の 3 分の 2 を山が占め，中央部を大和川が流れており，大阪の都心からわずか 20km ほどの距離にあり

ながら，緑の山々と美しい渓谷，豊かな川の流れなど，多彩な自然環境を備え
た，とても暮らしやすい市であるとしている。交通の面からみると柏原市は大
阪市の南東部に位置しており，JR 関西本線（大和路線）と近鉄大阪線，近鉄
道明寺線の 3 本の鉄道が通っている。また，西名阪自動車道や外環状線，国道
25 号，国道 165 号線が市域を通っている。

　研究方法は，以下のとおりである。まず，柏原市の農業が大阪府の中でどの
ような状況にあるかを 1950 年[2]から 2015 年までの農業センサスにより農業
経営基盤である経営耕地面積と農家戸数から把握している[3]。また，大阪府全
域における柏原市のブドウ生産の位置付けをみるため，大阪府統計年鑑により
1950 年[4]から 2005 年までのブドウの栽培面積と生産量を把握している。さら
に，柏原市の農業生産の部門別の特徴を明らかにするため，大阪府統計年鑑に
より 1965 年から 2005 年までの農業粗生産額を，農業センサスにより 1980 年
から 2010 年までの第 1 位の部門別農家戸数を把握している。くわえて，土地
利用の変化を把握するため，各年代の 25,000 分の 1 地形図を入手し比較する
とともに，柏原市が作成した地形図を入手し比較を行っている。次に，柏原市
におけるブドウの生産等に係る取組みについては，2018 年 5 月に柏原市産業
振興課・都市計画課，JA 大阪中河内柏原営農購買所，カタシモワインフード
（株），農家への聞き取りを行った。また，2018 年 8 月 25 日に開催された柏原
市主催の「ふるさと柏原ぶどう狩りツアー」の実施状況を観察した。


## 2. 柏原市の農業の変化

### （1）農業経営基盤の変化

　柏原市の農業経営基盤の特性をみるため，まず大阪府全域と比較して経営耕
地面積の 1950 年から 2015 年までの推移を示したのが図 8-2 である。大阪府全
域と柏原市とでは，経営耕地面積全体の変化は似た減少の傾向を示している。
経営耕地面積の内訳をみると，大阪府全域はいずれの時期も田が多くを占めて
いる。これと比較して，柏原市の経営耕地面積の内訳をみると，いずれの時期

第 8 章 大阪府柏原市の伝統的ブドウ産地の多様な取組み 159

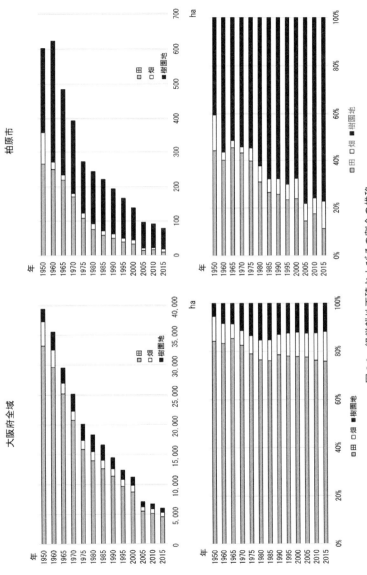

図 8-2 経営耕地面積およびその割合の推移
資料：農業センサスにより作成．

も樹園地が最も多くを占め，樹園地の占める割合は増加してきている。

次に，同様に農業経営基盤である農家戸数の 1950 年から 2015 年までの推移を図 8-3 に示す。大阪府全域と柏原市とでは，農家戸数全体の変化は似た減少の傾向を示している。農家戸数の内訳をみると，近年，柏原市の専業農家が占める割合は大阪府全域のそれよりも大きい。

### （2） ブドウ生産の推移

大阪府全域における柏原市のブドウ生産の位置付けをみるため，1950 年から 2005 年までのブドウの栽培面積を図 8-4 に，その生産量を図 8-5 に示す。大阪府全域のブドウの栽培面積は，1960 年に約 600ha とピークに達しており，以降は減少傾向にある。柏原市のブドウの栽培面積も，1960 年に約 300ha とピークに達しており，大阪府内全域の約半数を占めているが，その後は，大阪府と同様に減少傾向にあり，近年では大阪府内全域の約 3 分の 1 程度となっている。ブドウの生産量についてみると，栽培面積の推移と同様の傾向を示している。

柏原市の農業生産の部門別の特徴を明らかにするため，大阪府全域と比較して農業粗生産額の 1965 年から 2005 年までの推移を示したのが図 8-6 である。大阪府全域でみると，1990 年が農業粗生産額のピークとなっており，その内訳をみると一貫して野菜が最も大きく，次いで米となっている。これと比較して，柏原市は 1995 年が農業粗生産額のピークとなっており，その内訳をみると一貫して果樹がそのほとんどを占めている。

次に，第 1 位の部門別農家戸数の 1980 年から 2010 年までの推移を示した図 8-7 をみると，大阪府全域では稲が最も多く，次いで野菜となっている。一方，柏原市は果樹類が圧倒的に多い状況が継続している。

土地利用の変化を把握するため，各年代の 25,000 分の 1 地形図を入手し，各年を比較すると（図 8-8 〜図 8-11），1970 年には平地部においても水田や樹園地がみられる。しかし，年を追うごとに，平地部での市街地化が進み，水田はほぼ消失し，樹園地がわずかに残っている程度である。他方，平地部以外をみると，樹園地はそのまま残っている場合が多い。

このように，都市化が進んだ柏原市では，平地部では農地が大幅に減少して

第 8 章　大阪府柏原市の伝統的ブドウ産地の多様な取組み　161

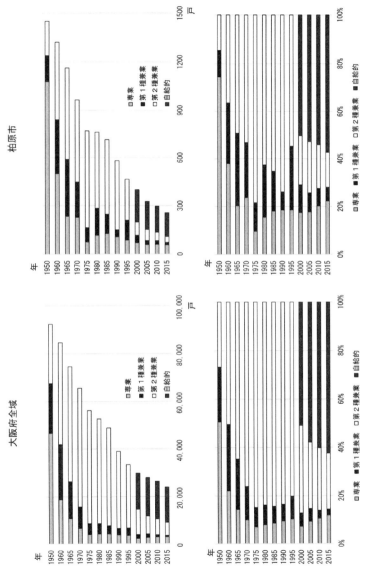

図 8-3　農家戸数およびその割合の推移
資料：農業センサスにより作成.

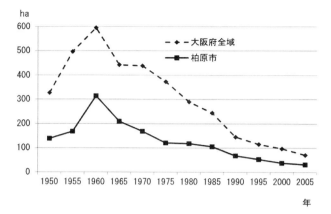

図 8-4　ブドウ栽培面積の推移
資料：大阪府統計年鑑により作成．

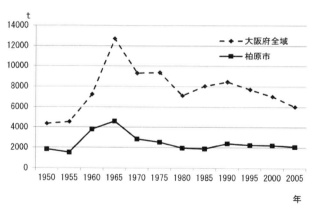

図 8-5　ブドウ生産量の推移
資料：大阪府統計年鑑により作成．

第8章 大阪府柏原市の伝統的ブドウ産地の多様な取組み 163

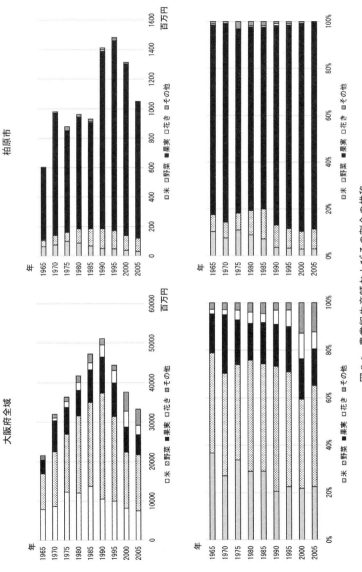

図 8-6 農業粗生産額およびその割合の推移
資料：大阪府統計年鑑により作成．

164

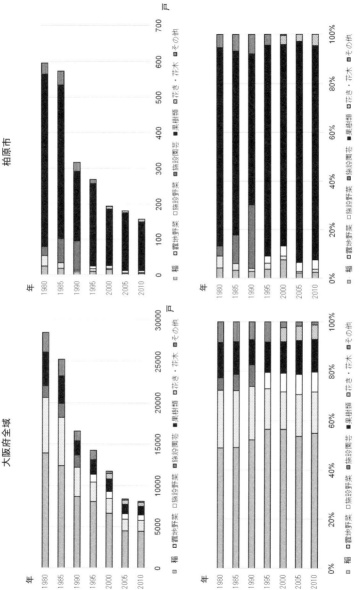

図 8-7 第 1 位の部門別農家戸数およびその割合の推移
資料：農業センサスにより作成.

第 8 章　大阪府柏原市の伝統的ブドウ産地の多様な取組み　165

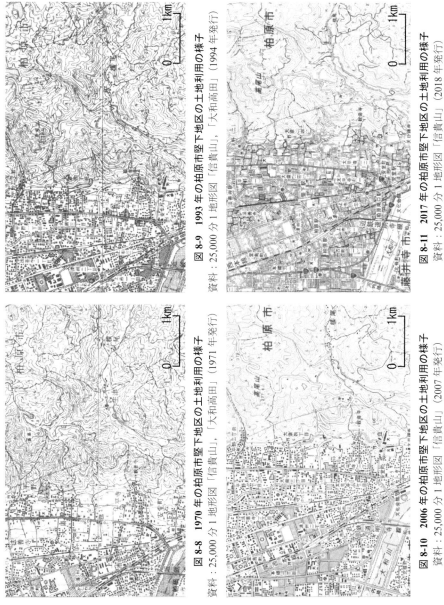

図 8-8　1970 年の柏原市堅下地区の土地利用の様子
資料：25,000 分 1 地形図「信貴山」「大和高田」（1971 年発行）

図 8-9　1993 年の柏原市堅下地区の土地利用の様子
資料：25,000 分 1 地形図「信貴山」「大和高田」（1994 年発行）

図 8-10　2006 年の柏原市堅下地区の土地利用の様子
資料：25,000 分 1 地形図「信貴山」（2007 年発行）

図 8-11　2017 年の柏原市堅下地区の土地利用の様子
資料：25,000 分 1 地形図「信貴山」（2018 年発行）

写真 8-1 市街地のブドウ栽培
資料：2018年4月14日，筆者撮影

写真 8-2 山間部のブドウ栽培
資料：2018年5月10日，筆者撮影

いるが（写真 8-1），平地部以外では山間部に樹園地が残り（写真 8-2），これを核としてブドウ生産が今でも継続して行われている。

## 3．柏原市におけるブドウ生産振興関係施策の実施状況

　JA大阪中河内柏原営農購買所への聞き取りによれば，以下のとおりである。市場出荷は 550t 程度（（10t／ha）× 55ha）と想定される。市場出荷は旧集落ごとに行われており，JA が関与しているのは1集落のみである。直売を行っている農家は 30 軒程度である。JA が案内している観光農園は横尾集落の農家が中心で，それがすべてではない。市場出荷・直売・観光農園のすべてを行っている農家は 15 軒に満たない程度と推測される。このような状況の中で，どのような取組みが行われているか，以下に記す。

### （1）直売所マップの作成

　柏原市内では，ブドウの直売所がみられ，樹園地の多い山麓部のみならず（写真 8-3），市街地にもみられる（写真 8-4）。柏原市は，市内農産物の PR をより効果的に行うため，2015 年 4 月に柏原市と JA 大阪中河内，大阪府中部農と緑の総合事務所を構成員とする「柏原市農業啓発推進協議会」を立ち上げている。大阪府中部農と緑の総合事務所（2015）によれば，同協議会は，すでに他市のマルシェ等に出展し，市内農産物の PR 販売等を行っているが，市内にある直

第 8 章　大阪府柏原市の伝統的ブドウ産地の多様な取組み　167

写真 8-3　山麓部の直売所
資料：2018 年 6 月 27 日，筆者撮影

写真 8-4　市街地の直売所
資料：2018 年 6 月 27 日，筆者撮影

図 8-12　「ぶどう直売所マップ（Web 版）」の作成
　　資料：柏原市農業啓発推進協議会から引用．

売所の PR を市内外へ広く行うために,「ぶどう直売所マップ（Web 版）」を作成し，柏原市果樹振興会[5] の HP で公開したと報告している。

2018 年 5 月に柏原市果樹振興会の HP を閲覧した「ぶどう直売所マップ（Web版）」が図 8-12 である。この HP には,「ぶどう直売所マップ（Web 版）」に掲載している直売所が 21 軒掲載されている。大阪府中部農と緑の総合事務所（2015）が報じた際の 2015 年 7 月 7 日現在では 17 軒とされており，掲載する直売所の数は増加しているものと考えられ，全体の 7 割程度が参画しているものと推測される。大阪府中部農と緑の総合事務所（2015）は，柏原市は府内でもぶどうの直売が最も盛んな地域として知られており，生産農家によるぶどうの直売所は，柏原市内に 30 件以上あると推察されるが，ほとんどが農業者個人の経営によるもので，まとまった組織等もなく，これまで市内外へ十分な PR ができていなかったことから，柏原市農業啓発推進協議会ができたことにより，協議会が個々の直売農業者に働きかけを行い，マップへの掲載の了承を得た直売所を写真入りで紹介することができたとしている。

## （2）JA による観光ぶどうセンターの運営

JA 大阪中河内柏原営農購買所は，ブドウ狩りシーズンの 8 月上旬から 10 月上旬にかけて,「柏原市観光ぶどうセンター」となり（図 8-13），柏原市内でのブドウ狩りが円滑に行われるよう機能している。平坦部に残る樹園地はわずかであり，ブドウ狩りが行える樹園地は狭隘な道路で辿り着く山間部が多い。このため，来訪者を山間部のブドウ狩りが行える樹園地に的確に誘導する必要があり，JA がその役割を担っている。

ブドウ狩りが行える品種は,デラウェア（8 月上旬から 8 月中旬），ピオーネ（8月中旬から 9 月中旬），マスカットオブ・ベリー A（8 月中旬から 10 月中旬），甲州（9 月下旬から 10 月中旬）となっており，複数の品種を栽培することで，約 2 カ月の期間が確保されている。デラウェアとそれ以外のピオーネ等では入園料に差が設けられている。

第 8 章　大阪府柏原市の伝統的ブドウ産地の多様な取組み　169

図 8-13　「柏原ぶどう狩り」のチラシ
資料：JA 大阪中河内のチラシを引用．

図 8-14　「ふるさと柏原ぶどう狩りツアー」
のチラシ
　　　資料：柏原市のチラシを引用．

（3）ブドウ狩りイベントの開催

　柏原市では，2006 年から「ふるさと柏原ぶどう狩りツアー」を毎年 1 回開催している（図 8-14）。『柏原市まち・ひと・しごと創生総合戦略』（柏原市，2016）の施策[6]としても位置付けられ，農業者自らが企画経営するイベントの開催を支援し，地域農業の活性化を図るとしている。

　柏原市産業振興課から聞き取った「ふるさと柏原ぶどう狩りツアー」への参加者数の推移を図 8-15 に示している。2006 年以降，200 〜 250 人程度の参加者数で推移していた期間はあるものの，2015 年から 2017 年にかけては 400 人以上の参加者で，年々増加しており，成果を上げているものと考えられる。2018 年 8 月 25 日に開催された柏原市主催の「ふるさと柏原ブドウ狩りツアー」の実施状況を観察したところ，朝 8 時 30 分の開始から多くの参加者が詰めかけていることを確認した（写真 8-5，写真 8-6）。ツアー参加者は個々のブドウ

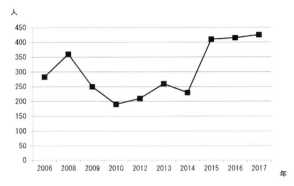

図 8-15　柏原ぶどう狩りツアーの参加者の推移
資料：柏原市産業振興課からの聞き取りにより作成.

狩り園（写真 8-7）でブドウ狩りを行った後，イベント会場（写真 8-8）でのイベントを楽しめるようになっており，以下で記す柏原市内のワイナリーのワインも提供されており（写真 8-9），子どものみならず大人も楽しめる工夫がなされている．

### （4）ワイン生産と「ワイナリーを拠点とした町歩き」とそのマップ

　「大阪ミュージアム構想」のコンセプトのもと，大阪の歴史的・文化的資源等を活かし，「石畳と淡い街灯」など街の個性や魅力を引き出すまちづくりを支援し，人が集い・賑わい・交流する大阪を全国にアピールしていく事業として，「大阪府　石畳と淡い街灯まちづくり支援事業」が実施されている（柏原市産業振興課，2017b）．柏原市の太平寺地区が選定されている（図 8-16）．選定理由は，「小高い丘陵にある歴史的街並み，ぶどう畑の農風景，ワインやぶどうといった特産品をうまく取り込んだ提案で，地域の強みを活かして地域経済の活性化やコミュニティの再生等に取り組むプランとなっている．歴史的・文化的資源の質は高く，また良好な状態で維持されている．こうした，まだ知られていない大阪の資源を発掘しアピールしていく取り組みは，これから地域資源を活かしたまちづくりに取り組む団体等へのモデルとなる．」となっている（柏原市産業振興課，2017b）．

第 8 章　大阪府柏原市の伝統的ブドウ産地の多様な取組み　171

写真 8-5　「ふるさと柏原ぶどう狩りツアー」現地に向かうシャトルバス（柏原市役所前）
資料：2018 年 8 月 25 日，筆者撮影

写真 8-6　現地の受付に並ぶ「ふるさと柏原ぶどう狩りツアー」参加者
資料：2018 年 8 月 25 日，筆者撮影

写真 8-7　「ふるさと柏原ぶどう狩りツアー」に参画しているぶどう狩り園
資料：2018 年 8 月 25 日，筆者撮影

写真 8-8　「ふるさと柏原ぶどう狩りツアー」のイベント会場
資料：2018 年 8 月 25 日，筆者撮影

写真 8-9　「ふるさと柏原ぶどう狩りツアー」のイベント会で販売される地元産ワイン
資料：2018 年 8 月 25 日，筆者撮影

　柏原市内には現在 1 軒のワイナリーしかない。その唯一のワイナリーがカタシモワインフード（株）であり，上記の太平寺地区に立地している（写真 8-10）。カタシモワインフード（株）の経営者は 4 代目であり，元々農家であったことから自社で約 1ha の農地を保有するとともに，近隣から約 2ha の農地を借り，合計約 3ha のブドウ栽培を行っている（写真 8-11）。ワイナリーは古民家を活用したもので，太平寺地区の街並みに合わせたものとなっている（写真 8-12）。また，太平寺地区の街並みとワイナリーや近接するブドウ栽培地を回遊できるよう，マップを作成している（図 8-17）。

図 8-16 石畳と淡い街灯まちづくり
資料：柏原市 HP から引用．

写真 8-10 ワイナリーの製造部門
資料：2018 年 5 月 10 日，筆者撮影

写真 8-11 古民家を活用したワイナリー
資料：2018 年 5 月 10 日，筆者撮影

なお，この経営者は，大阪の食べ物と合ったワインの開発を志向しており，たこ焼きに合うスパークリングワインとして「たこシャン」を開発している。また，この経営者は，隣接する羽曳野市や八尾市のワイナリー7社と協議会を

第 8 章　大阪府柏原市の伝統的ブドウ産地の多様な取組み　173

**図 8-17　ぶどう畑・町歩きマップ**
資料：カタシモワインフード（株）から引用.

**写真 8-12　ワイナリーのブドウ栽培地**
資料：2018 年 5 月 10 日，筆者撮影

**写真 8-13　商店街での取組み**
資料：2018 年 4 月 14 日，筆者撮影

設立し，会長となり河内地域で生産される「河内ワイン」の普及にも努めている。

### （5）商店街等での取組み

　柏原市は伝統的なブドウ産地であることから，商店街でもブドウの PR に向けた取組みがみられる。商店街では写真 8-13 のように，ブドウのイラストが

図 8-18　ブドウを使ったスイーツ
資料：柏原市農業啓発推進協議会から引用．

随所にみられるようにしている。また，ブドウの収穫期限定であるが，飲食店でブドウを使ったスイーツ等が提供されている（図 8-18）。

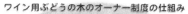

図 8-19　オーナー制ワイン園プロジェクト
資料：奥野成樹（2017）HP から引用．

**(6) 若手後継者によるオーナー制ワイン園プロジェクトの取組み**

2017 年から 30 代前半の農業後継者がオーナー制ワイン園プロジェクトを開始している（図 8-19）。これは，棚田オーナー制度のブドウ版と考えられ，オーナーに提供されるものが，米ではなくワインであること，米のように年内で完結せず，ワインができるまで複数年を要すること等が異なる。

第8章　大阪府柏原市の伝統的ブドウ産地の多様な取組み　175

2017年には，想定していたオーナー数に達したとのことであり，順調にプロジェクトは動き出している。今後も，円滑にプロジェクトが進んでいくか注視していく必要がある。


## 4．柏原市のブドウ生産の性格

　伝統的なブドウ産地である大阪府柏原市では，農家やJAによる生産や直売・観光農園がみられる。しかし，農家やJAによる従来からの取組みだけでなく，ブドウ産地であることを地域資源として，行政によるブドウ狩りツアー，ワイナリーによる来訪者の町歩きへの誘導，商店街におけるブドウを前面に出した取組みなど，地域活性化につなげている。また，若い農業後継者がオーナー制ワイン園を開始しており，新たな展開もみられる。柏原市の伝統的なブドウ産地では，地域ぐるみで多様な取組みが実施されている。

　今後，ブドウ生産が盛んな隣接する羽曳野市や太子町についてもブドウ産地としてどのような地域にブドウ栽培地が位置しているか，どのような取組みが実施されていくかなどを把握していく必要がある。また，羽曳野市や太子町の各市町での取組みだけでなく，柏原市を含めた近接する複数の市町での連携した取組みについても把握することが必要である。


［注］
1）ジャーナリストの視点から髙取（2017）による柏原市のワイナリーの取組みの報告がみられる．また，隣接する羽曳野市に関しては，同様にジャーナリストの視点から古谷によるイチジクジャム生産による地域おこし（古谷2010）やブドウ園の担い手育成（古谷2014）の報告がみられる．
2）1956年（昭和31年）9月30日に，中河内郡柏原町と南河内郡国分町が合併，新たに中河内郡柏原町となっていることから，1950年は，柏原町のデータと国分町のデータを合算したものである．なお，その後，1958年（昭和33年）10月1日に，中河内郡柏原町が，柏原市となり，市制が施行されている．
3）世界農林業センサスは1950年から10年ごとに調査が実施されており，この中間

年に農業センサスの調査が実施されているが，1955年に限っては臨時農業基本調査が実施された．この臨時農業基本調査は予算の関係で収集データが少なかったり，臨時農業基本調査市町村別統計表を確認したところ，経営耕地面積では田と畑の記載だけで樹園地の記載がなかったりすることから，本稿では1955年は除外している．

4）1950年と1955年については注2）と同様に，柏原町のデータと国分町のデータを合算したものである．

5）柏原市産業振興課に確認したところ，柏原市果樹振興会は任意団体であるとのことであった．また，同様に，JA大阪中河内柏原営農購買所に確認したところ，柏原市果樹振興会は市場出荷のための生産組織とも異なるとのことであった．

6）『柏原市まち・ひと・しごと創生総合戦略』（2016）では，就農希望者が柏原市において新たな生産者となるよう，栽培技術の習得など，担い手の育成を行うとして，「ぶどう担い手塾」の開講もしている．

[参考文献]

安藤万寿男（1958）：大都市近郊における果樹作．地理学評論，31，536-547.

内山幸久（2013）：日本における主要果樹生産の展開．地理空間，6（2），83-94.

内山幸久・亀井啓一郎（1999）：1990年におけるわが国の果樹栽培地域の分布パターン．地球環境研究，1，69-80.

内山幸久・山下太一・高橋　純（2004）：2000年におけるわが国の果樹栽培地域の分布パターン．地球環境研究，6，85-96.

大阪府中部農と緑の総合事務所（2015）：柏原市ぶどう直売所マップ（Web版）が完成！「柏原市農業啓発推進協議会」（http：//www.pref.osaka.lg.jp/chubunm/chubu_nm/fq-katudou27-1.html（2018年5月5日閲覧））

奥野成樹（2017）：耕作放棄地開拓のお手伝いから始める，オーナー制ワイン園プロジェクト（https://faavo.jp/osaka/project/2013（2018年6月27日閲覧））

柏原市（2016）：『柏原市まち・ひと・しごと創生総合戦略』．

柏原市産業振興課（2015）：柏原市の見どころ（http：//www.city.kashiwara.osaka.jp/docs/2014012900324/（2018年5月5日閲覧））

柏原市産業振興課（2017a）：柏原ぶどう　豆知識（http：//www.city.kashiwara.osaka.jp/docs/2014060200131/：（2018年5月5日閲覧））

柏原市産業振興課（2017b）：石畳と淡い街灯まちづくり［太平寺地区〜歴

史のロマンとぶどうの香るまち～］（http : //www.city.kashiwara.osaka.jp/ docs/2017092500026/ :（2018 年 5 月 5 日閲覧））

鈴木文子（1970）：大阪市近郊果樹作地域の変容．地理学報告（愛知教育大学地理学会），35，28-34.

髙取佐智代（2017）：株式会社毎日新聞社　第 65 回全国農業コンクール優秀事例から　地域資源を活かしたつながりで経営革新　ぶどう産地を守り，地域とともに実践してきたこと「カタシモワインフード（株）」（大阪府柏原市）代表取締役髙井利洋さん．農業と経済，83（6），73-76.

高橋佳代子（1967）：主業的果樹栽培地域の出荷組織の体系化．地理学報（大阪教育大学地理学教室），11，18-25.

中藤康俊（1967）：大阪府におけるブドウ生産地の形成と変貌－柏原市堅下地区を中心として－．岡山史学，19，32-54.

林　琢也（2013）：東京都稲城市における農家直売所の経営特性．地域生活学研究，4，25-36.

林　琢也（2015）：北多摩地域にみるブルーベリー栽培発展の諸相－小平市を中心に－．地理，60（7），34-41.

半澤早苗・杉浦芳夫・原山道子（2010）：東京都練馬区におけるブルーベリー観光農園の立地とその現状．観光科学研究，3，155-168.

古谷千絵（2010）：農の現場リポート　いちじくジャムで地域振興－大阪府羽曳野市の場合－．農業協同組合経営実務，65（7），52-56.

古谷千絵（2014）：農業・農村の現場から　都市近郊農業：消えゆくブドウ園と集う都市住民－「大阪ブドウ」産地　大阪府・南河内地域の現状と課題－．農業，1589，54-59.

宮地忠幸（2006）：改正生産緑地法下の都市農業の動態－東京都を事例として－．地理学報告（愛知教育大学地理学会），103，1-16.

宮地忠幸（2013）：多摩川梨産地のいま－稲城の梨は「幻の梨」－．地理，58（10），60-68.

山本正三・内山幸久（1985）：1960-80 年におけるわが国の果樹栽培地域の動向．筑波大学人文地理学研究，9，21-48.

# Ⅲ　都市農業を支える農地保全に向けた課題

# 第9章　地方都市農業振興基本計画からみる課題

## 1. 地方都市農業振興計画の一般的特徴

　2016 年 5 月には，都市農業振興基本法第 9 条に基づいて政府が定める都市農業の振興に関する施策の総合的かつ計画的な推進を図るための基本的な計画となる「都市農業振興基本計画（以下，国基本計画という）」が閣議決定された（農林水産省・国土交通省，2016）。国基本計画では，都市農業振興基本計画の地方計画の策定について，国の基本計画や新たな都市農業振興制度も参考とし，都道府県および市町村による地方計画が可能な限り早期に作成され，関連する施策との連携を図りつつ，地域の実情に応じた施策が推進されるよう，国から積極的に働きかけるとともに，必要な情報の提供等適切な支援を行うとしている（国土交通省，2016）。今後，この基本計画の策定の後に，同法第 13 条に基づき，政府および地方公共団体は「土地利用計画」を策定することとなる。国基本計画では，例えば，市街化区域から市街化調整区域への逆線引きの促進，老朽化した建物のある土地の農地への転用など，従来には見られなかった土地利用に関する記述があり，政府が都市農業に関して根本的な転換を図ろうとしていることが伺われる。このことから今後策定される「土地利用計画」が、将来にわたり都市農地を保全していく上での鍵を握るものと推察される。

　これまで本書では，三大都市圏の中心をなす東京都・大阪府を研究対象地域として，1990 年以降の都市における農業の変化を把握してきた。しかし，これまでどのような都市農業振興施策が行われてきたかについては，東京都については把握したものの大阪府については把握をしておらず，このため比較もしていない。また，国の基本計画の閣議決定後の地方公共団体の策定する都市農業振興基本計画について考察したものはみられない。

そこで，本章では，東京都と大阪府のみならず，中京圏の中心をなす愛知県を加え，従前の都市農業振興施策の実施状況を把握する。その上で，本章の執筆時である 2017 年 10 月までに策定された 6 都府県の都市農業振興基本計画を把握し，それらの比較を行い，今後の政策課題を明らかにすることを目的とする。

従前の都市農業振興施策の実施状況については，三大都市圏の中心をなす東京都・大阪府・愛知県を研究対象地域とする。都市農業振興基本計画については，本章執筆の 2017 年 10 月までに策定された埼玉県と東京都，神奈川県，愛知県，大阪府，兵庫県の 6 都府県を研究対象地域とする。

本章では，次の方法で調査を行っている。これまでの農業振興施策の状況については，研究対象地域の 3 都府県で公表されている行政資料である計画，指針，事業概要などを入手するとともに，関係する条例などについても把握を行う。その上で，3 都府県の都市農業振興施策の比較を行う。都市農業振興基本計画については，当該計画を入手し，比較を行う。これらの把握や比較を行った上で，今後の政策課題を明らかにする。


## 2. 従前の都市農業振興施策

まず，三大都市圏の中心をなす東京都と大阪府，愛知県の 3 都府県を対象として，これまでの都市農業振興施策の実施状況を把握しておく。

東京都は，2001 年 12 月に『東京農業振興プラン　新たな可能性を切り拓く東京農業の挑戦』を策定し，その後，2012 年 3 月に，2022 年を目標とした『東京農業振興プラン　都民生活に密着した新たな産業・東京農業の新たな展開』に改定されている。東京都では，農協が共同農産物直売所を整備することで，卸売市場を経由せず，消費者に直接販売する農家の割合が高くなっている。また，ブルーベリー生産が増加し，観光農園の整備が進められるとともに，区市町が整備する市民農園よりも農家が取り組む農業体験農園の整備が進められてきている。このことから，国が本来中山間地等の地域活性化を目指すとしてい

る六次産業化や農商工連携の取組の指標となっている農家の農業関連事業の取組に照らすと，東京都が最も高い割合を示す結果となっている。このような結果をもたらした要因として，従前は国の補助事業が都市における農業に対して一般的に行われていないことから，東京都が独自の施策として行ってきた補助事業を農家や農協が活用して行ってきたことによるものと考えられる。なお，東京都では，都市農業を振興するための条例は制定していない。

　大阪府は，2002 年 3 月に，大阪の農林水産業の振興と自然資源の保全・活用の方針を明らかにする『大阪府新農林水産業振興ビジョン』を策定している。その後，2005 年 6 月に，『大阪農業・元気倍増・普及プラン』が，さらに 2012 年 3 月に『おおさか農政アクションプラン』が策定されている。また，この間に，都市農業の振興のみに特化したものではないが，2008 年 4 月に『大阪府都市農業の推進及び農空間の保全と活用に関する条例』が施行されている。大阪府の多くの市町村では稲作農家が多く，北部の豊能や三島，北河内などでは特にその傾向が強い。しかし，果樹農家の多い南河内や中河内，あるいは野菜農家が多い泉南や泉北などの地域が引き続き存在している。農業関連事業等に取り組む農家をみると，その多くは直売であり，観光農園等がみられるものの，他の取組はそれほど多くはない傾向にある。

　愛知県は東京都や大阪府と異なり，日本で有数の農業県である。また，愛知県では，生産緑地法の適用を受ける特定市は尾張地域と西三河地域の市に限られ，東三河地域の市は特定市にはなっておらず，この点でも全市が特定市である東京都や大阪府と異なる。愛知県は，2008 年 4 月に，『食と緑が支える県民の豊かな暮らしづくり条例』を施行している。この条例に基づき，食と緑に関する施策の基本的な方針として，2009 年 2 月に『食と緑の基本計画』が策定され，その後，2011 年 5 月に『食と緑の基本計画 2015』が，さらに 2016 年 3 月に『食と緑の基本計画 2020』が策定されてきている。条例を制定した上で計画を策定している点で，東京都や大阪府と異なる。愛知県における 2010 年の全体の農家戸数に対する農業関連事業等に取り組む農家戸数の割合をみると，それほど高くなく，名古屋市守山区，緑区，天白区，瀬戸市，犬山市，尾張旭市，阿久比町など，名古屋市やその周辺などの地域に多い傾向にある（石原，2017）。

表 9-1　3 都府県における従前の都市農業振興施策

| | 農家数 | 農地 | 農地の内訳 | 当初の生産緑地指定率 | 条例の有無 | 計画の有無 | 農業関連事業の実施割合 | 特徴的な事項 |
|---|---|---|---|---|---|---|---|---|
| 東京都 | 少 | 少 | 畑多 | 高 | 無 | 有 | 高 | 都単独費補助 |
| 大阪府 | 少 | 少 | 田多 | 中 | 有 | 有 | 中 | 条例とリンクした府単独費補助 |
| 愛知県 | 多 | 多 | 田多 | 低 | 有 | 有 | 低 | 都市と農村の交流が基本的な基調 |

　以上のように，3 都府県は，それぞれの大都市圏の中心をなすものであるが，いずれも農業振興に係る計画を策定してきていた。ただし，それぞれの管内の自然的条件や社会的条件が異なっていることから，自ずと異なった計画となり，それに基づき施策が実施されてきたものと考えられる。また，条例については，大阪府と愛知県では制定されているが，東京都では制定されていない。これらを表 9-1 に示した。


## 3. 都市農業振興基本法に基づく地方都市農業振興基本計画

　前節では，従前の都市農業振興施策について東京都と大阪府，愛知県の 3 都府県を対象として比較したが，筆者が 2017 年 8 月までに確認した限り，3 都府県以外に埼玉県，神奈川県，兵庫県の 3 県において都市農業振興基本計画が策定されている。そこで，これら 6 都府県について，策定時期の早い順に以下みていくこととする。

　2016 年 11 月に，兵庫県が全国で初となる「兵庫県都市農業振興基本計画」を策定している。兵庫県では，この基本計画の策定にあたり審議会に諮問し，その答申をふまえている。この計画における「都市農業」とは，都市農業振興基本法第 2 条において定義する「市街地及びその周辺の地域において行われる農業」としている。兵庫県においては，2010 年 2 月に「都市農業推進方針」を策定し，阪神地域の特定市の市街化区域内農地を本拠とする農業に重点を置

第 9 章　地方都市農業振興基本計画からみる課題　185

いて，都市農業振興が図られてきていたが，今回の計画では広く対象地域が拡大されている。計画期間は 2016 年度から 2025 年度までの 10 年間としている。この計画における「都市農業」とは，都市農業振興基本法第 2 条において定義する「市街地及びその周辺の地域において行われる農業」としている。施策体系は，「1　産業としての持続的な発展」，「2　営農の継続による多様な機能の発揮と農地の活用（自給的農家・自営困難な農地所有者）」，「3　「農」のある暮らしづくり（地域住民）」となっている。また，国への提案がみられることが特徴的であり，「1　生産緑地制度の見直し」，「2　相続税納税猶予制度の見直し」，「3　固定資産税等の農地保有コストの低減」，「4　都市農地の貸し手と借り手を結び付ける仕組みづくり」の 4 点が指摘されている。

　2017 年 3 月になると，埼玉県と神奈川県，愛知県で都市農業振興基本計画が策定されている。

　埼玉県では，「埼玉県都市農業振興計画」を策定している。埼玉県は，この計画の策定にあたり市町村，農業協同組合などに意見照会し，その回答を加味した計画としている。埼玉県においては，2016 年 3 月に「埼玉農林業・農山村振興ビジョン」を策定し，総合的な農林水産業の振興に取り組んできていた。この中で，地域と調和した都市農業の振興を目指してきており，首都圏に立地している同県における都市農業の重要性に鑑み，このビジョンを基軸としつつ，都市農業の有する多様な機能の発揮を通じ，農業者と地域住民が共存することにより，都市農業が将来にわたり安定的に継続されることを目的として，都市農業振興基本法に基づく地方計画として「埼玉県都市農業振興計画」は策定されている。この計画の対象とする区域は，基本法において都市農業が市街地およびその周辺の地域において行われる農業と定義されていることから，市街化区域および非線引き都市計画地域における用途地域内農地を中心とし，それと一体となって農業が展開されている周辺部（農業振興地域を除く）を基本とすることとしている。また，都市近郊で営農を通じて特徴的な緑地空間が維持されている見沼田圃と三富地域も対象とすることとなっている。計画期間は，都市農業振興基本上，地方計画は期間を限るものとはされていないとし，一定期間経過した場合には，効果の検証など計画の進捗状況を踏まえ，必要に応じて

見直しを行うものとするとしている。施策の体系は、「1　担い手の育成・確保」、「2　生産環境の整備と技術支援」、「3　農産物の地元での消費の促進」、「4　農作業を体験することができる環境の整備」、「5　学校教育での農作業の体験機会の充実」、「6　都市農業の有する多様な機能の発揮」、「7　県民の理解と関心の増進」、「8　見沼田圃及び三富地域における農業振興」となっており、国の基本計画に沿いつつ、見沼田圃と三富地域について特段の配慮がなされている。

　神奈川県では、地方基本計画となる「かながわ農業活性化指針」の策定にあたり審議会に諮問し、その答申をふまえている。計画の位置付けをみると、神奈川県では、2006 年に「神奈川県都市農業推進条例」を施行した。この条例に基づき「かながわ農業活性化指針」が策定され、基本的施策の総合的かつ計画的な推進が図られていた。条例では、「定期的に指針を検証し、必要に応じ指針の変更を行わなければならない」とされており、国の動向をふまえ、この指針の改定が必要とされていた。この指針を改定し、都市農業振興基本法第 10 条に基づく地方基本計画として位置付けている。計画期間は、10 年後の 2026 年度を目標としている。対象とする地域は元の指針が県全域を対象としており、それを踏襲している。施策体系は「1　県民ニーズに応じた農畜産物の生産と利用の促進」、「2　安定的な農業生産と次世代への継承」、「3　環境と共存する農業」としている。

　愛知県では、「愛知県都市農業振興計画－都市と農の共生と発展に向けて－」の策定にあたり検討会を設置している。この計画は、都市農業振興基本法第 10 条に基づき定めるものであり、愛知県の「食と緑の基本計画 2020」や関連施策の都市農業に関する分野別計画として位置付け、都市農業者や地域住民、行政や関係団体の取組指針とするものとしている。この計画における「都市農業」とは、都市農業振興基本法第 2 条において定義する「市街地及びその周辺の地域において行われる農業」としている。計画期間は、概ね 10 年後とされている。施策体系は、「1　都市農業の安定的な継続」、「2　農と緑に恵まれた都市環境の形成」、「3　農のある豊かな暮らしの享受」となっている。

　2017 年 5 月に、東京都は「東京農業振興プラン　次代に向けた新たなステップ」を策定している。東京都では、この計画の策定にあたり審議会に諮問し、

その答申をふまえている。前節で記した 2012 年 3 月に策定した前プランの「東京農業振興プラン　都民生活に密着した産業・東京農業の新たな展開」から 5 年が経過し，東京農業を取り巻く社会情勢が変化する中，将来を見据えた実効性ある農業振興施策や農地の保全に向けた国の制度改正などが必要となっていることから，新たな東京農業振興プランを策定することとし，都市農業振興基本法における，東京都の地方計画を兼ねるものとするとしている。この計画では，都市地域，都市周辺地域，中山間地域，島しょ地域の 4 つの地域に分けられ，振興方策が記されている。計画期間は 2017 年度から概ね 10 年後を見据えるものとするが，経済・社会情勢の変化や施策の進行状況などにより，必要に応じて見直しを行うものとしている。施策の体系は，「1　担い手の確保・育成と力強い農業経営の展開」，「2　農地保全と多面的機能の発揮」，「3　持続可能な農業生産と地産地消の推進」からなる。また，兵庫県と同様に，国への提案がみられることが特徴的であり，「1　貸借された生産緑地に対する相続税納税猶予制度の適用」，「2　営農に必要な農業用施設用地などへの相続税納税猶予制度の適用」，「3　生産緑地の買取り支援」，「4　新たな物納制度の創設」の 4 点が指摘されている。

　2017 年 8 月に，大阪府は「新たなおおさか農政アクションプラン」を策定している。大阪府では，この計画の策定にあたりパブリックコメントを実施し，その結果をふまえている。また，計画の推進にあたり，大阪府農業振興地域整備審議会に評価・点検するための部会を設置し，各取組の「5 年後の目標」に対する実績について毎年度，評価を受けることとしている。この計画では，2012 年策定の「大阪府新農林水産業振興ビジョン」の基本目標『府民とともにめざす豊かな「食とみどり」の創造』を実現するため，2012 年 3 月に策定した「おおさか農政アクションプラン」の成果を踏まえ，長期的に人口減少社会が進展していく社会情勢を見通しつつ，10 年後に実現を目指す農政の姿を設定し，5 年後を目標年次とした取組みを示し，推進を図るとしている。また，この計画は都市農業振興基本法に基づく地方公共団体が定める都市農業の振興に関する計画の大阪府版を兼ねるものとするとしている。計画期間は，2017 年度から 2021 年度までの 5 年間としている。このプランの対象となる地域は，

前節で記した大阪府都市農業の推進及び農空間の保全と活用に関する条例において，都市農業を「府民に新鮮で安全安心な農産物を供給するとともに，多様な公益的機能を発揮している府の区域において行われている農業」と定義していることから，府内全域としている。施策の体系は，「1　農業でかっこよく働こう！（しごと）」，「2　農でくらしを愉しもう！（くらし）」，「3　農空間をみんなで活かそう！（地域）」からなる。また，この計画では，「的確な土地利用に関する考え方」が記されているのが特徴的であり，「1　区域区分の運用，都市計画のマスタープランにおける都市農地の保全の位置づけ」，「2　生産緑地制度の活用」，「3　新たな土地利用計画制度の方向性」の3点を挙げている。

　ここで，6都府県の基本計画を比較してみよう。まず，策定プロセスをみると，兵庫県と神奈川県，東京都は審議会で，愛知県は検討会を設置し，埼玉県は市町村や農協への意見照会で，大阪府はパブリックコメントを実施し，それぞれ方法は異なるものの外部の意見を取り入れて計画を策定している。計画の根拠は，いずれの都府県も都市農業振興基本法第10条に基づく地方基本計画として位置付けているが，元となる指針や計画があり，それらを発展させたものと考えられる。計画の対象範囲をみると，神奈川県と東京都，大阪府は管内全域を対象としている。愛知県は都市農業振興基本法第2条の範囲としている。兵庫県や埼玉県は全県を対象としてはいないが，従来対象としていた地域よりも広範囲な地域を対象として明示している。いずれもが，生産緑地法の特定市だけでなく，より広域な範囲を計画の対象と位置付けているといえる。施策体系は，優先順位は若干異なるものの，都市農業の継続，都市における農のある暮らし，良好な都市環境の形成への寄与に着目したものとなっている。表9-2に6都府県の施策の体系を記載した。施策の柱の立て方は異なるものの，項目をみていくと，ほぼ同様の施策が網羅されているといえよう。

## 4．都府県の地方都市農業振基本計画からみえる政策課題

　このように東京都と愛知県，大阪府の3都府県ではこれまでの計画を踏襲し

表 9-2　6都府県の施策の体系

**東京農業振興プラン**

I　担い手の確保・育成と力強い農業経営の展開
　1　多様な担い手の確保・育成
　2　意欲ある農業者などの経営力の強化
　3　施設や機器整備などによる生産力の拡大

II　農地保全と多面的機能の発揮
　1　農地保全に向けた新たな取組
　2　防災や環境保全機能による都市への貢献
　3　多様な農作業の体験機会の充実
　4　都内産の花と植木による都市緑化の推進

III　持続可能な農業生産と地産地消の推進
　1　植物・家畜防疫対策の強化
　2　都民の理解と関心の増大
　3　都内農畜産物の安定的な地産地消の拡大

**愛知県都市農業振興計画**

I　都市農業の安定と力強い農業の継続
　1　担い手の確保・育成
　2　農産物の供給能力向上

II　農と緑に恵まれた都市環境の形成
　1　防災、景観形成、環境保全機能の発揮促進
　2　的確な土地利用に関する計画策定と緑地保全

III　農のある豊かな暮らしの享受
　1　農産物の地元での消費の推進
　2　農作業の体験による農業整備
　3　県民の理解と関心の向上

**新たなおおさか農政アクションプラン**

I　農業でかっこよく働こう！
　1　ビジネスマインドを持つ農業者の育成
　2　農業を新たな仕事づくりにできる機会の拡大
　3　農業ビジネスを加速させる技術開発・普及・農地利用の促進
　4　地産地消を支える農業者の育成と生産の振興
　5　大阪産（もん）の全国ブランドとしての流通や海外販売

II　農でくらしを育もう！
　1　農を知る機会の充実
　2　大阪産（もん）を食べる機会の充実
　3　農業・農空間での交流・体験機会の充実

III　農空間をみんなで活かそう！
　1　農業・農空間での活動に参加しやすい仕組みづくり
　2　農を活かした地域づくりの推進
　3　地域力による安全安心の確保

**兵庫県都市農業振興基本計画**

I　産業としての持続的な発展
　1　収益性の高い農業の推進
　2　農産物の地元消費の推進
　3　農業体験機会の提供による経営の多角化

II　営業の継続による多様な機能の発揮と農地の活用
　1　地域との共生による多様な営農の継続
　2　「農」に多様な機能の発揮促進
　3　新たな担い手による農地の活用

III　「農」のある暮らしづくり
　1　地域農業に関する理解の促進
　2　「農」を通じた地域コミュニティーの形成

**埼玉県都市農業振興計画**

I　担い手の育成・確保
II　生産環境の整備と技術支援
III　農産物の地元での消費の促進
IV　農作業を体験できる環境の整備
V　学校教育での体験機会の充実
VI　都市農業の有する多様な機能の発揮
VII　県民の理解と関心の増進
VIII　見沼田圃及び三富地域における農業振興

**かながわ農業活性化指針**

I　県民ニーズに応じた農畜産物の生産と利用の促進
　1　県民の求める食の対応
　2　農畜産物のブランド力の強化と6次産業化の取組
　3　食の安全対策と食育の推進

II　安定的な農業生産と次世代への継承
　1　新規就農の促進と中核的経営体の育成
　2　「トップ経営体」の育成
　3　畜産経営の体質強化に向けた総合的な取組
　4　女性の力を活かした経営発展の促進
　5　技術開発と経営安定の取組
　6　生産基盤の整備

III　環境と共生する農業
　1　農地の活用・保全
　2　農業体験と交流の場の確保
　3　環境保全型農業と畜産環境対策の推進
　4　鳥獣被害対策の推進

資料：各都府県都市農業振興基本計画より筆者作成

つつ，新たな展開を促すものとなっていると考えられる。神奈川県の計画もこれら3都府県と同様の性格にあると考えられる。埼玉県と兵庫県については，都市農業の範囲を設定し，新たな計画策定を行ったと考えられる。なお，愛知県については，生産緑地法の特定市の範囲に限らず計画の対象地域を拡大していることから，埼玉県や兵庫県と同様の性格を帯びている点で，東京都や神奈川県，大阪府と少し異なるものといえよう。

　今後，国民の都市農業に対する理解や参画を促すとともに，都市農業振興基本法第13条に基づく土地利用に関する計画がその効果を発揮できるような計画としていく必要があると考える。その上で，未だ大きな政策課題が残っているものと考える。本章作成時の2017年10月時点において，都市農業振興基本法第13条に基づく土地利用計画の策定の動きは見えない。2017年3月に，都市農業振興基本法の制定をふまえ，生産緑地法の改正が行われている。生産緑地法は，1974年に制定され，1992年に大きな改正が行われており，この時に，市街化区域内の農地を保全すべき農地である「生産緑地」と市街化を進める「宅地化農地」に区分することとなった。生産緑地は，都市計画決定されており，地主である農家の意向で転用はできない。しかし，生産緑地法では生産緑地の指定後30年を経過すれば市への買取申請が可能とされている。このことから，2022年に生産緑地の買取申請が一気に起こる可能性がある。いずれの市においても，大量の農地を買い取るだけの財政的状況にあるとは考えにくく，市が買い取れない場合，民間が農地を宅地として取得することが可能となる。このことが，「生産緑地2022年問題」と言われている。2017年3月の生産緑地法の改正は，この問題を回避する方策として，生産緑地の指定を10年延長する選択肢を設けたものであるが，延長するか否かは地主である農家が選択することになる。2015年度に行われた東京都の農家への意向調査によれば，「農地として利用するつもり」という意向は34.0%に過ぎず，指定から30年経過後すぐ区市に買取申出したいが8.2%であり，わからないが53.3%となっている（東京都産業労働局農林水産部，2016）。都市農業振興基本法ができながら，都市農業の基盤となる生産緑地が大幅に減少する危機に直面しているのが現実である。このような実情から，早期に以下の3点の政策課題を解決していくことが

必要であろう。

　第1に，相続税納税猶予制度の適用範囲の拡大である。税制の改正については未だ具体的な方向が明示されていない。農地は都市に残る貴重な自然的資源であり，農業経営が相続の発生により受ける影響を小さくする必要がある。

　第2に，市街化区域内農地の貸し借りを可能にすることである。農業振興地域では，農業経営を拡大しようとする者が農地を拡大しやすいようにする制度があるが，市街化区域内では適用されていない。市街化区域内でも専業農家が残る地域は多く，農業経営を拡大しようとする者が農地を借り入れられる制度を構築する必要がある。

　第3に，農家以外の者が農業に従事する際のハードルを低くすることである。農村部のみならず，大都市圏においても農業の担い手の確保は大きな課題である。これまで，農業は基本的に世襲であった。新たに農業を営もうとする者が容易に参入できるようにする必要がある。

　これら3点の政策課題を解決することが必要であり，このためには，国が真摯にこれらを検討することが急務であり，地方公共団体は地域の実情に応じた制度の提案を国に対して行っていく必要がある。


**［参考文献］**

愛知県農林水産部農林総務課（2009）：『食と緑の基本計画』.

愛知県農林水産部農林政策課（2011）：『食と緑の基本計画2015』.

愛知県農林水産部農林政策課（2016）：『食と緑の基本計画2020』.

愛知県農林水産部農業振興課（2017）：『愛知県都市農業振興計画－都市と農の共生と発展に向けて－』.

石原　肇（2017）：1990年以降の愛知県の都市における農業の変化．大阪産業大学論集　人文・社会科学編，29，77-86.

大阪府（2002）：『大阪府新農林水産業振興ビジョン』.

大阪府（2005）：『大阪農業・元気倍増・普及プラン』.

大阪府（2012）：『おおさか農政アクションプラン』.

大阪府（2017）：『新たなおおさか農政アクションプラン』.

神奈川県（2017）：『かながわ農業活性化指針』.

国土交通省（2016）：『都市農業振興基本計画』．

埼玉県（2017）：『埼玉県都市農業振興計画』．

東京都産業労働局農林水産部（2016）：『平成 27 年度都市農業実態調査　都市農業者の生産緑地の利用に関する意向調査結果報告書』．

東京都産業労働局農林水産部農業振興課（2012）：『東京農業振興プラン　都民生活に密着した新たな産業・東京農業の新たな展開』．

東京都産業労働局農林水産部農業振興課（2017）：『東京農業振興プラン　次代に向けた新たなステップ』．

東京都産業労働局農林水産部農政課（2001）：『東京農業振興プラン　新たな可能性を切り拓く東京農業の挑戦』．

兵庫県（2016）：『兵庫県都市農業振興基本計画』．

# 第10章　近畿圏における生産緑地の
# 　　　　指定状況からみる課題

## 1．2017年生産緑地法の改正と生産緑地の指定状況に係る研究方法

　都市農業振興基本法の制定や都市農業振興基本計画の閣議決定をふまえ，都市における農地の位置付けが見直されたことから，2017年に都市緑地法と改正生産緑地法が改正された。第193回通常国会で予算関連法案として審議され，可決し，2017年6月15日に施行された。国土交通省都市局（2017）を参考に，改正の概要を以下に記す。

　まず都市緑地法の改正であるが，同法における「緑地」の定義上，農地の取扱いが従来は不明確で，原則として含まれず，樹林地に介在する農地のみ含む解釈がなされてきた。都市農業振興基本法とそれに基づく都市農業振興基本計画により都市農地の位置付けが見直されたことを受け，「緑地」の定義に農地が含まれることが明記され，正面から都市緑地法の諸制度である緑の基本計画や特別緑地保全地区制度などの対象とすることとされた。都市緑地法第3条では，「この法律において「緑地」とは，樹林地，草地，水辺地，岩石地若しくはその状況がこれらに類する土地（農地であるものを含む。）が，単独で若しくは一体となって，又はこれらに隣接している土地が，これらと一体となって，良好な自然的環境を形成しているものをいう。」と明記された。これまで「緑地」には，原則として農地は含まれず，保全すべき樹林地等に介在する農地のみ含まれると運用されてきたが，この改正により，良好な都市環境の形成を図る観点から保全すべき農地については，都市緑地法の諸制度において「緑地」として積極的に位置付け，保全・活用を図ることが可能となっている。また，緑の基本計画の内容に，公園の「管理」の方針とともに，都市農地の保全が新たに追加され，都市公園の老朽化対策等の計画的な管理や都市農地の計画的な保全

が推進されることとなった。

　次に，生産緑地法の改正であるが，大きく4つの点で改正がなされている。第1に，生産緑地地区の面積要件の引下げである。これまで一律500m$^2$の面積要件であったものが緩和され，条例により300m$^2$まで引き下げが可能となった。また，従前は，公共収用などや，複数所有者の農地が指定された生産緑地地区で一部所有者の相続の発生などに伴い，生産緑地地区の一部の解除が必要な場合に，残された面積が規模要件を下回ると，生産緑地地区全体が解除されてしまういわゆる「道連れ解除」があったが，あわせて同一または隣接する街区内に複数の農地がある場合，一団の農地とみなして指定が可能となる運用の改善がされることとなる。ただし，個々の農地はそれぞれ100m$^2$以上とされている。第2に，生産緑地地区における建築規制の緩和がなされ，農産物の加工施設や直売所，農家レストランなどの設置が可能になっている。第3に，生産緑地の所有者等の意向を基に，市町村は当該生産緑地を特定生産緑地として指定できる。指定された場合，市町村に買取申出ができる時期は，「生産緑地地区の都市計画の告示日から30年経過後」から，10年延期される（特定生産緑地）。10年経過後は，改めて所有者等の同意を得て，繰り返し10年の延長ができることとなっている。第4に，田園住居地域の創設である。住居系用途地域の一類型として田園住居地域が創設され，住宅と農地が混在し，両者が調和して良好な居住環境と営農環境を形成している地域を，あるべき市街地像として都市計画に位置付け，開発および建築規制を通じてその実現を図ることが可能となっている。

　これまで本書では1992年の生産緑地法の改正をふまえ三大都市圏のうち首都圏の中心をなす東京都および近畿圏の中心をなす大阪府における1990年以降の都市における農業の変化を把握してきた。筆者は，近畿圏について，大阪府と接する京都府や兵庫県，奈良県についても同様の視点から調査を行ってきている。近畿圏の2府2県については，東京都と異なり，農地が田である場合が多い地域的特性をもつこと等から，今後の土地利用計画を検討する上で課題があるものと考えられる。

　そこで，本章では，2017年の改正生産緑地法の改正をふまえつつ，近畿圏の生産緑地法の特定市のある府県における，1992年の生産緑地法の改正以降

第 10 章　近畿圏における生産緑地の指定状況からみる課題　195

の生産緑地の指定に関する地域的差異を明らかにし，今後の土地利用計画策定
の参考に資することを目的とする。

　本章では，近畿圏の生産緑地法の特定市のある大阪府と京都府，兵庫県，奈
良県の 2 府 2 県のうち，大阪府についてはすでに第 5 章で扱っていることから，
大阪府に隣接する京都府，兵庫県，奈良県の 3 府県のみ記載する。

　研究方法は，次のとおりである。特定市別の生産緑地面積と宅地化農地面積
については，当初指定時の 1993 年と，20 年経過した 2013 年の各府県の都市
計画部局および課税部局のデータを用いている。また，政令指定都市の行政区
域別の生産緑地面積と宅地化農地面積については各市のデータを用いている。
これらの情報を図にすることにより，当初指定時と 20 年後の生産緑地の指定
面積を把握することで，その変化を把握し，地域的差異を明らかにする。


## 2.　生産緑地の指定状況の変化とその考察

### （1）京都府

　京都府における生産緑地法の適用を図 10-1 に示す。京都府においては，
1993 年時点では，京都市と宇治市，亀岡市，城陽市，向日市，長岡京市，八
幡市の 7 市が生産緑地法の特定市であった。その後，田辺町による京田辺市の
施行，美山町，園部町，八木町，日吉町の 4 町合併による南丹市の誕生，山城
町，木津町，加茂町の 3 町合併による木津川市の誕生により，2013 年時点では，
生産緑地法の特定市は 10 市となっている。

　京都府の特定市における生産緑地面積と宅地化農地面積の推移を示したのが
図 10-2 である。1993 年には約 1,052ha であったが，2013 年には約 867ha となっ
ている。生産緑地は一定程度の保全はされているものの，減少する傾向にある
といえよう。同様に宅地化農地面積をみると，1993 年には約 847ha であったが，
2013 年には約 526ha となっている。このようにみると，市街化区域内での農
地の減少は，主に宅地化農地が減少しており，生産緑地は必ずしもすべてが保
全されているわけではないが，その減少は比較的少ないといえよう。

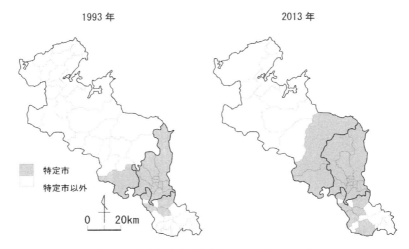

図 10-1　生産緑地法の特定市（1993 年・2013 年）
資料：京都府資料より作成.

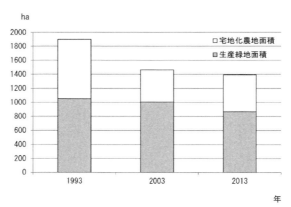

図 10-2　京都府の特定市の市街化区域内農地面積の推移
資料：京都府資料および京都市資料より作成.

　京都府の特定市別の生産緑地面積と宅地化農地面積の推移を図10-3に示す。1993 年の生産緑地面積と宅地化農地面積は，京都市や向日市，長岡京市では市街化区域内農地面積のうち生産緑地面積が占める割合が高い傾向にある。特

第10章 近畿圏における生産緑地の指定状況からみる課題　197

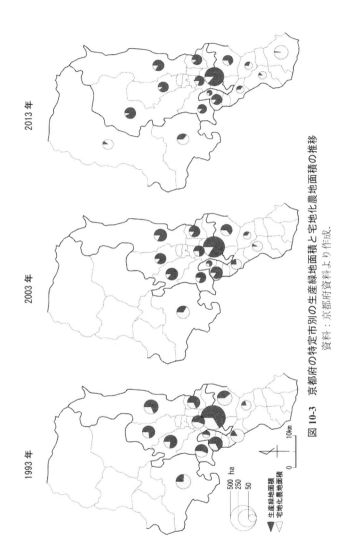

図10-3　京都府の特定市別の生産緑地面積と宅地化農地面積の推移
資料：京都府資料より作成．

に京都市伏見区は最も多くの生産緑地が指定されている。これと比較して，宇治市，城陽市，八幡市，亀岡市では，反対に市街化区域内農地面積のうち宅地化農地面積の占める割合が高い傾向にある。2013年をみると，市施行した京田辺市，市町村合併による南丹市と木津川市が加わっている。これらの市は市街化区域内農地面積のうち宅地化農地面積が占める割合が極めて高い。他方，当初の生産緑地面積の占める割合が高かった京都市や向日市，長岡京市では，20年間での宅地化農地面積の減少が大きいことから，市街化区域内農地面積のうち生産緑地面積の占める割合がより一層高くなっている。

　これらのことから，京都府内の特定市は生産緑地の指定に関して二極化が生じているといえよう。


### （2）兵庫県

　兵庫県における生産緑地法の特定市は1993年時点と2013年で変化はなく，図10-4に示すとおり，神戸市と尼崎市，西宮市，芦屋市，伊丹市，川西市，宝塚市，三田市の8市である。

　兵庫県の特定市における市街化区域農地面積の推移をみたのが図10-5である。生産緑地面積は1993年には約616haであったが，2013年には約526haとなっている。宅地化農地面積をみると，1993年には約1,073haであったが，2013年には約281haとなっている。このようにみると，市街化区域内での農地の減少は，主に宅地化農地が減少しており，生産緑地は必ずしもすべてが保全されているわけではないが，その減少は比較的少ない。

　兵庫県の特定市別の生産緑地面積と宅地化農地面積の推移をみたのが図10-6である。1993年の生産緑地面積は，伊丹市が114.7haと最も多く，次いで川西市の91.4ha，宝塚市の88.3ha，尼崎市の84.0ha，西宮市の80.9haとなっている。2013年の生産緑地面積をみると，伊丹市が101.3haと最も多く，次いで尼崎市の79.9ha，川西市の79.5ha，宝塚市の79.2ha，西宮市の78.0haとなっている。阪神地域の市で多い傾向を示している。神戸市は，西区や北区では多いが，その他の区では少ない傾向にある。

第 10 章　近畿圏における生産緑地の指定状況からみる課題　199

**図 10-4　生産緑地法の特定市（2013 年）**
　　資料：兵庫県資料より作成．

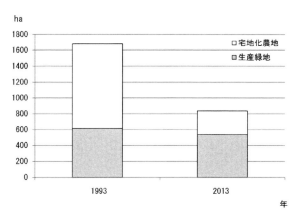

**図 10-5　兵庫県の特定市の市街化区域内農地面積の推移**
　　資料：兵庫県資料および神戸市資料より作成．

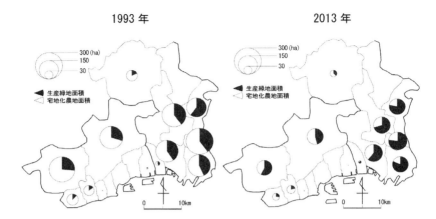

図 10-6 兵庫県の特定市別の生産緑地面積と宅地化農地面積の推移
資料：兵庫県資料および神戸市資料より作成．

### （3）奈良県

　奈良県におけるにおける生産緑地法の適用を図 10-7 に示す．1993 年時点では奈良市と大和高田市，大和郡山市，天理市，橿原市，桜井市，五條市，御所市，生駒市，香芝市の 10 市が生産緑地法の特定市であった．その後，2013 年においては，生産緑地法の特定市は上記 10 市に葛城市と宇陀市の 2 市が加わり，12 市となっている．

　奈良県の特定市における生産緑地面積と宅地化農地面積の推移をみたのが図 10-8 である．生産緑地面積は 1993 年には約 641ha であったが，2013 年には約 621ha となっている．指定から約 20ha の面積が減少している．このことから，生産緑地は一定程度の保全はされているものの，わずかではあるが減少する傾向にあるといえよう．

　奈良県の特定市別の生産緑地面積と宅地化農地面積の推移をみたのが図 10-9 である．の推移をみると，1993 年の生産緑地面積は，奈良市が 117.3ha と最も多く，次いで橿原市の 106.9ha となっており，それ以外の市は 80ha を下回っている．1993 年の当初指定時に消極的な市が多い傾向にある．2013 年の生産緑地面積をみると，奈良市が 109.3ha と最も多く，唯一 100ha を上回っている．

第 10 章　近畿圏における生産緑地の指定状況からみる課題　201

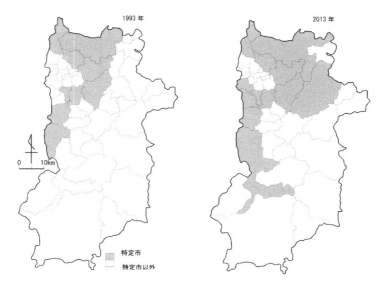

**図 10-7　生産緑地法の特定市（1993 年・2013 年）**
　資料：奈良県資料より作成．

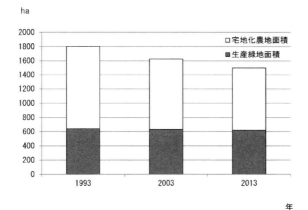

**図 10-8　奈良県の特定市の市街化区域内農地面積の推移**
　資料：国土交通省資料および奈良県資料より作成．

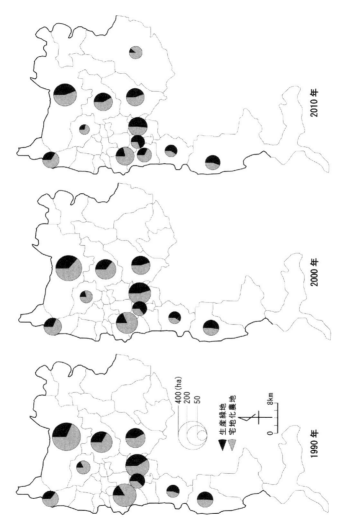

図 10-9 奈良県の特定市別の生産緑地面積と宅地化農地面積の推移
資料：国土交通省資料および奈良県資料より作成．

次いで橿原市が 86.9ha となっており，それ以外の市は 80ha を下回っている。市町村合併の際に誕生した葛城市や宇陀市の 2013 年の生産緑地面積は，葛城市で 31.4ha，宇陀市で 8.9ha と小さい。

　これらのことから，奈良県内の特定市は生産緑地の指定に関して全般的に消極的であるといえよう。

## 3．今後の生産緑地に関する課題

　近畿圏 1 府 2 県の特定市における生産緑地の変化をみてきた。以下の 3 点の課題があると考えられる。
　第 1 に，1993 年の当初指定時に生産緑地指定率の高かった市は，2013 年時

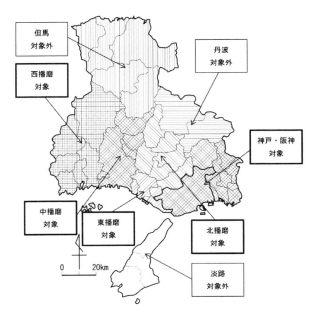

図 10-10　兵庫県都市農業振興基本計画（2016 年）の対象地域
資料：兵庫県資料より作成．

点での市街化区域内の農地はその多くが生産緑地であり，都市農業振興基本法に基づく土地利用計画の策定の際に，これらの生産緑地が「保全する農地」にそのまま移行するかである。

　第2に，1993年の当初指定時には市ではなかったものの，後に市施行や合併により市となった市では，生産緑地指定率が低い傾向にある。今後，都市農業振興基本法に基づく土地利用計画を策定する際に，「宅地化農地」をどのように位置付けるかである。

　第3に，兵庫県のように生産緑地法の特定市以外でも都市農業振興基本計画に基づき都市農業に該当する地域が生まれており（図10-10），都市農業振興基本法の土地利用計画の対象となることが想定される。今後，土地利用計画を策定する際に「保全する農地」をどのように選定するかである。

［参考文献］
国土交通省（2017）：生産緑地法等の改正について（http://www.mlit.go.jp/common/001198169.pdf（2017年10月30日閲覧））

# 第11章 生産緑地2022年問題に係る
## 大阪府東大阪市の課題と対応策

## 1. 東大阪市の生産緑地とその研究方法

　2015年4月に議員立法により都市農業振興基本法が制定された。この都市農業振興基本法に基づき，2016年5月に都市農業振興基本計画が閣議決定された。これらをふまえ，2017年3月に都市緑地法と生産緑地法が改正され，同年6月に施行された。なぜ，このタイミングで生産緑地法の改正がなされたかを確認するため，生産緑地法等の歴史的経過を改めてみておこう（表11-1）。生産緑地法は，1974年に，良好な都市環境を確保するため，農林漁業との調整を図りつつ，都市部に残存する農地の計画的な保全を図る目的で制定された。1992年の生産緑地法の改正により，三大都市圏の特定市において市街化区域内における農地は，都市計画において保全すべき「生産緑地地区」と「宅地化農地」に区分された。「生産緑地地区」は相続が発生した際，相続した者が終身営農することで相続税納税猶予の適用を受ける。また，生産緑地の所有者等が市町村に買取申出ができる時期は「生産緑地地区の都市計画の告示日から30年経過後」とされている。このようなことから，2022年に買取申出が一斉に市に出されることが危惧されており，これが，いわゆる「生産緑地2022年問題」と呼ばれている（例えば，塩澤，2017）。

　前章でもふれたが，再度，国土交通省都市局（2017）による2017年の生産緑地法の改正のポイントを確認すると，以下の4点である。

①生産緑地地区の面積要件の引下げ
②生産緑地地区における建築規制の緩和（農産物の加工施設や直売所，農家
　レストランなどの設置が可能に）

表 11-1　都市的地域における市民農園等に関係する法令等の制定状況

| 年 | 法令 | | 施策等 | |
| --- | --- | --- | --- | --- |
| | 制定・改正等 | 事項 | 施策の実施等 | 事項 |
| 1968 | 都市計画法改正 | 市街化区域・市街化調整区域の区分 | | |
| 1974 | 生産緑地法制定 | | | |
| 1989 | 特定農地貸付法制定 | 設置主体＝市町村・JA のみ | | |
| 1990 | 市民農園整備促進法制定 | | | |
| 1992 | 生産緑地法改正 | 生産緑地地区・宅地化農地の区分（生産緑地での市民農園は相続税納税猶予の適用されず） | | |
| 1998 | | | 農業体験農園開設（東京都練馬区） | 相続税納税猶予の適用 |
| 2002 | 構造改革特別区域法制定 | | | |
| 2005 | | | 構造改革特別区域法による特区認定 | 特定農地貸付法の特区認定 |
| 2005 | 特定農地貸付法改正 | 設置主体＝企業・NPO・個人も可能 | | |
| 2015 | 都市農業基本法制定 | | | |
| 2016 | | | 都市農業基本計画閣議決定 | |
| 2017 | 都市緑地法改正 | 市街化区域内農地も「緑の基本計画」の対象となる | | |
| 2017 | 生産緑地法改正 | 指定下限面積，指定の延長等 | | |

③所有者等の意向を基に，指定を10年延期する特定生産緑地の指定が可能に
④住居系用途地域の一類型として田園住居地域を創設

　このうち③が，上記のいわゆる「生産緑地2022年問題」に対処したものと考えられる。2017年の改正により，特定生産緑地の指定に伴い，買取申出の基準日が10年先送りになることが決定した。特定生産緑地に指定後は10年ごとに延長が可能となっている。
　2017年の改正生産緑地法の改正を背景として，大阪府東大阪市では，従前から行っている地域研究助成金制度により，2017年4月に生産緑地に関する

農家の買取申出等の意向調査について公募した。東大阪市では都市に不足する緑地機能を補完するために，市街化区域内の計画的に保全すべき農地を生産緑地地区に指定している。しかし，生産緑地法上，指定から30年が経過する2022年以降は土地所有者の意向により生産緑地の買取申出が可能となり，現在指定している生産緑地地区の多くが一斉に解除されるのではないかと東大阪市は危惧していた。

　そこで，本章では，東大阪市の生産緑地所有者の意向を把握するとともに，国の施策の動向や他の地方公共団体における取組みを調査し，東大阪市の状況をふまえた今後の生産緑地の保全や活用のための対応策について検討することを目的とする[1]。

　東大阪市を研究対象地域とした学術的な地域研究についてみると，地理学では，大澤（2005）が流通機能からみた東大阪市の産業集積の革新性について，小長谷（2006）が東大阪市における産業クラスター空間の抽出について，Edgington, D. W. and Nagao, K.（2011）が東大阪市の産業集積と地域発展について報告している。これらは，東大阪市が日本有数の中小企業の密集地であり，高い技術をもった零細工場が多数集まっていることに注目しているが，土地利用に関心をもったものではない。農業経済学では，東大阪市「ファームマイレージ[2]運動」に着目し，青木（2013）は都市部の農協直売所を活用した農業振興事業が販売および生産に与える影響を，中塚（2016）は消費者との連携による都市農業の保全と課題について報告しているが，生産緑地2022年問題を直接的に扱っていない。このように，東大阪市を研究対象地域とした生産緑地2022年問題を意識した研究はみあたらない。

　行政における生産緑地に関するアンケート調査をみると，2017年の生産緑地法改正以前に行ったものがいくつか把握できる。東京都産業労働局農林水産部は，2015年度に農家の意向確認を行ったが，「継続する」は34.0％に過ぎず，「指定から30年経過後すぐ区市に買取申出したい」が8.2％であり，「わからない」が53.3％となっている（東京都産業労働局農林水産部，2016）。また，兵庫県総合農政課は，2016年度に都市農業振興基本計画を策定するため農家の意向確認を行ったが，「農業を続ける」が30％，「買取申出する」が8％，「未定」

が62%となっている（兵庫県総合農政課，2016）。このように，2017年生産緑地法改正以前の調査では，農家の過半が「わからない」あるいは「未定」となっている。なお，2017年生産緑地法改正の直前に，愛知県名古屋市が名古屋市農業振興基本方針の策定にあたりアンケート調査を行っているが，「生産緑地の買取申出をしたい」は28.3%となっている（名古屋市緑政土木局都市農業課，2018）。

　このように，本研究は，2017年の生産緑地法の改正をふまえた生産緑地所有者の意向を把握することで，学術的にも行政的にも新規の知見が得られる。また，本研究は，国の政策や他の地方公共団体における取組みを調査し，東大阪市の地域特性をふまえた今後の生産緑地の保全や活用のための対応策を提言し，東大阪市の施策となり得る。以上から本研究は新規性と有用性を備えたものと考える。

　東大阪市は，大阪府中河内地域に位置する市である（図11-1）。市域の面積は61.81km$^2$，人口は502,784人（2015年国勢調査）であり，大阪市および堺市の両政令指定都市に次ぐ府内第3位の人口を擁する中核市である。大阪平野の東部に位置し，市域の大半は平坦な低地であるが，市東部は生駒山地の山々が連なり，豊富な自然が残されている。日本有数の中小企業の密集地であり，高い技術をもった零細工場が多数集まっている。東大阪市花園ラグビー場のある「ラグビーのまち」としてアピールする形でまちづくりが行われている。

　東大阪市には，JR学研都市線，JRおおさか東線，近鉄奈良線，近鉄大阪線，近鉄けいはんな線，大阪市営地下鉄中央線の6つの鉄道路線が走り，西

図11-1　研究対象地域

は大阪市内や阪神方面へ，東は奈良やけいはんな学研都市へ，つながっている。また広域交通をになう道路が縦横に整備されており，自動車専用道路では近畿自動車道，阪神高速道路東大阪線，第二阪奈有料道路が，主要幹線道路では府道大阪中央環状線，国道170号線，国道308号線がある。

　ここで，東大阪市における1990年以降の人口の推移（図11-2）をみると，大阪府全域では2010年から2015年にかけて初めて人口が減少しているが，東大阪市では1990年以降一貫して人口は減少をしている。

　東大阪市の農業の様子をみておこう。東大阪市における経営耕地面積の推移（図11-3）をみると，東大阪市の経営耕地面積の減少は大阪府全域のそれと比較して大きい傾向にある。また，東大阪市は樹園地が非常に少ない。東大阪市における農家戸数の推移（図11-4）をみると，東大阪市の農家戸数の減少の仕方は大阪府全域のそれと比較して大きい傾向にある。東大阪市では，1990年から1995年にかけて経営耕地面積と農家戸数ともに減少が大きくなっている。東大阪市における農産物販売金額第1部門別農家戸数の推移（図11-5）をみると，東大阪市も大阪府全域と同様に，稲が第1部門である農家の戸数が最も多いが，東大阪市の方が大阪府全域と比較して露地野菜が第1部門である農家の戸数が多いのが特徴といえよう。東大阪市における生産緑地面積等の推移（図11-6）をみると，宅地化農地は1992年の約210haから2016年の約53haへと

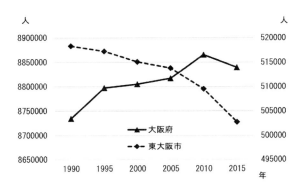

図11-2　東大阪市における人口の推移（1990～2015年）
資料：国勢調査各年より作成．

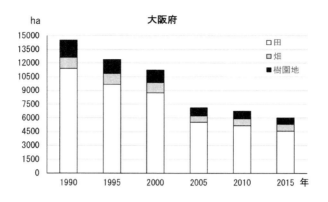

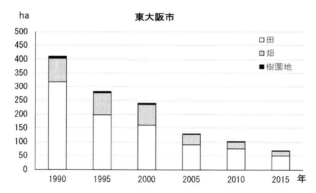

図 11-3　大阪府と東大阪市の経営耕地面積の推移（1990 〜 2015 年）
資料：農業センサス各年より作成．

減少が著しい。一方，生産緑地は 1992 年の約 125ha から 2016 年の約 115ha へと大幅に減少することはなく推移している。東大阪市における生産緑地の分布（図 11-7）をみると，生産緑地がまとまって存在する地域は少なく，分散して残っている場合が多い。

　研究方法は以下のとおりである。
1）アンケート調査
　2017 年 10 月 6 日に，東大阪市が作成したアンケート調査用紙（無記名）と

第 11 章　生産緑地 2022 年問題に係る大阪府東大阪市の課題と対応策　211

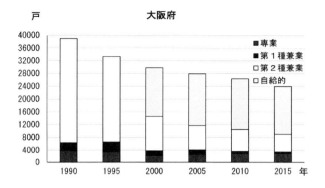

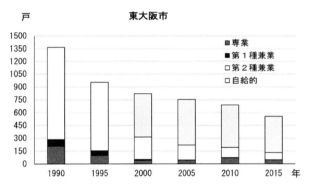

**図 11-4　大阪府と東大阪市の農家戸数の推移（1990 ～ 2015 年）**
資料：農業センサス各年より作成．

ともに返信用封筒を同封し，東大阪市内の全生産緑地所有者 773 名に発送した。アンケート調査の内容は，以下の 14 項目である。

① 所有している生産緑地がある主な地域
② 所有する生産緑地の面積（4 者択一）
③ 営農している主な従事者（3 者択一）
④ 主な農業従事者の年齢（8 者択一）
⑤ 農家形態（5 者択一）

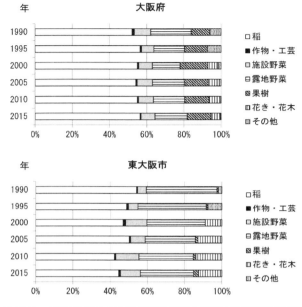

図 11-5 大阪府と東大阪市の農産物販売金額第 1 部門別農家戸数の推移（1990 ～ 2015 年）
資料：農業センサス各年より作成．

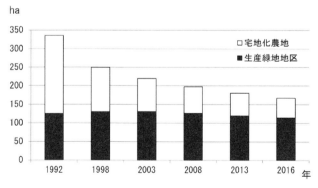

図 11-6 東大阪市の生産緑地面積の推移
資料：東大阪市都市計画室提供．

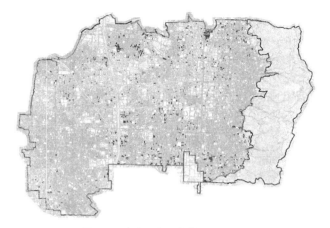

**図 11-7　東大阪市の生産緑地の分布**
資料：東大阪市都市計画室提供.

⑥家族構成（6者択一）
⑦生産緑地における相続税納税猶予措置の状況（3者択一）
⑧30年経過した際の利活用の意向（2者択一）
⑨（⑧で買取申出したいと回答した場合）すぐ市へ買取申出したい理由
⑩営農を続けられない理由（5者択一）
⑪営農を続けたくない理由（5者択一）
⑫（⑧で営農を続ける予定と回答した場合）現在所有している生産緑地を市民農園等として活用することへの意向（4者択一）
⑬市民農園等に活用したくない，または活用できない理由（6者択一，複数選択可）
⑭自由意見記述

　アンケートの回答を集計し，解析した。解析にあたり，各設問の単純集計と地域，年齢，営農継続の意思などの観点からクロス集計を行った。地域については，東大阪市では，市域を図11-8に示す7つに地域区分して行政施策を進めていることから，この7地域による区分を行った。

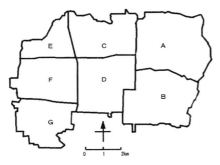

図 11-8　東大阪市の地域区分図
資料：東大阪市提供図を基に作成．

アンケート調査を補完し，政策提言の内容を現地の状況をふまえたものとするため，2017年4月，2018年2月に市内の現地調査を行った。

**2）他の地方公共団体の施策の把握**

政策提言の内容を実効性のあるものとするため，緑地の保全や都市農業の振興等について先駆的な取組みをしている愛知県名古屋市等へのヒアリングを2018年2月に行った。また，筆者が独自に調査を行っている大阪府堺市の市民農園等の設置主体の多様化の調査結果を，政策提言の構築をする際の参考とした。

**3）国の政策立案の動向の把握**

実現性のある政策提言の内容とするため，国の都市農地の保全に係る立法や税制の動向について，文献や衆議院および参議院のホームページから把握した。

## 2．生産緑地に関するアンケート調査の結果とその考察

### （1）単純集計

返送されたアンケート数は357通で，回収率は47.2%であった。単純集計を表11-2に記した。

「問1．あなたが所有している生産緑地がある主な地域はどこですか。」の回答をみると，D地域が95件と最も多く，次いでC地域が87件となっている。一方，市の西側に位置するG地域が20件と最も少なく，次いでF地域が23件，E地域が30件となっている。市の東側に位置するA地域が54件，B地域が38件と中間的になっている。「問2．あなたが所有する生産緑地の面積を教えてください」の回答をみると，所有する生産緑地の面積は，500m$^2$以上1,000m$^2$

## 表 11-2　アンケート結果

### 問1．あなたが所有している生産緑地がある主な地域はどこですか。

| 選択肢 | 回答数 | 割合（%） |
|---|---|---|
| A | 54 | 15.6 |
| B | 38 | 11.0 |
| C | 87 | 25.7 |
| D | 95 | 27.3 |
| E | 30 | 8.6 |
| F | 23 | 6.6 |
| G | 20 | 5.8 |

※記入のあった町名から、東大阪市の7つの地域区分に則り集計した。

### 問2．あなたが所有する生産緑地の面積を教えてください。（当てはまる面積に〇を付けてください）

| 選択肢 | 回答数 | 割合（%） |
|---|---|---|
| 1．500㎡未満 | 44 | 12.5 |
| 2．500㎡以上1000㎡未満 | 123 | 34.8 |
| 3．1000㎡以上2000㎡未満 | 119 | 33.7 |
| 4．2000㎡以上 | 67 | 19.0 |

### 問3．あなたが所有する生産緑地を営農している主な従事者についてあてはまるもの1つに〇印をつけてください。

| 選択肢 | 回答数 | 割合（%） |
|---|---|---|
| 1．土地所有者 | 228 | 61.5 |
| 2．土地所有者の家族・親族 | 122 | 32.9 |
| 3．他人 | 21 | 5.7 |

### 問4．主な農業従事者の年齢について教えてください。（当てはまる年代に〇を付けてください）

| 選択肢 | 回答数 | 割合（%） |
|---|---|---|
| 10代以下 | 0 | 0 |
| 20代 | 0 | 0 |
| 30代 | 6 | 1.6 |
| 40代 | 22 | 5.8 |
| 50代 | 45 | 11.8 |
| 60代 | 124 | 32.5 |
| 70代 | 122 | 32.0 |
| 80代以上 | 62 | 16.3 |

### 問5．あなたの農家形態を教えてください。あてはまるもの1つに〇印をつけてください。

| 選択肢 | 回答数 | 割合（%） |
|---|---|---|
| 1．販売農家　a．専業農家 | 20 | 5.9 |
| 1．販売農家　b．兼業農家 | 70 | 20.5 |
| 2．自給農家　a．専業農家 | 39 | 11.4 |
| 2．自給農家　b．兼業農家 | 187 | 54.8 |
| 3．その他 | 25 | 7.3 |

### 問6．あなたの家族構成を教えてください。あてはまるもの1つに〇印をつけてください。

| 選択肢 | 回答数 | 割合（%） |
|---|---|---|
| 1．単身で居住 | 24 | 7.4 |
| 2．一世代で居住（夫婦世代のみ） | 96 | 29.7 |
| 3．二世代で居住　a．夫婦世代と子 | 96 | 29.7 |
| 3．二世代で居住　b．夫婦世代と親 | 34 | 10.5 |
| 4．三世代で居住（夫婦世代と親と子） | 61 | 18.9 |
| 5．その他 | 12 | 3.7 |

### 問7．現在所有している生産緑地における相続税納税猶予措置の状況について、あてはまるものを一つ選択してください。

| 選択肢 | 回答数 | 割合（%） |
|---|---|---|
| 1．全て、又は、ほぼ全ての生産緑地地区（8割以上）において相続税納税猶予措置を受けている | 163 | 51.1 |
| 2．一部の生産緑地地区（8割未満）において相続税納税猶予措置を受けている | 38 | 11.9 |
| 3．相続税納税猶予措置は全く受けていない | 118 | 37.0 |

### 問8．現在所有している生産緑地が指定後30年経過した際の利活用の意向について、あてはまるものを選択してください。（複数選択可）

| 選択肢 | 回答数 | 割合（%） |
|---|---|---|
| 1．営農を続ける予定である―問12．へ | 225 | 72.8 |
| 2．30年経過後すぐ市へ買取申出したい―問9．へ | 84 | 27.2 |

### 問9．すぐ市へ買取申出したいのはなぜですか。あてはまるものに〇印をつけてください。

| 選択肢 | 回答数 | 割合（%） |
|---|---|---|
| 1．営農を続けられないため　―問10．へ | 81 | 85.3 |
| 2．営農を続けたくないため　―問11．へ | 14 | 14.7 |

### 問10．営農を続けられない理由で、あてはまるものを選択してください。（複数選択可）

| 選択肢 | 回答数 | 割合（%） |
|---|---|---|
| 1．高齢である | 71 | 43.0 |
| 2．後継者がいない | 56 | 33.9 |
| 3．農産物の販売だけでは生計がたてられない | 24 | 14.5 |
| 4．周辺住民からの苦情が多い | 9 | 5.5 |
| 5．その他 | 5 | 3.0 |

### 問11．営農を続けたくない理由で、あてはまるものを選択してください。（複数選択可）

| 選択肢 | 回答数 | 割合（%） |
|---|---|---|
| 1．住宅や駐車場として土地を活用することが決まっている | 0 | 0 |
| 2．土地を自由に活用できるようにしておきたい | 28 | 40.0 |
| 3．制限のない土地として、他人に売却したい | 13 | 18.6 |
| 4．特に理由はないが、生産緑地の制限を外したい | 25 | 35.7 |
| 5．その他 | 4 | 5.7 |

### 問12．現在所有している生産緑地を市民農園等として活用することへの意向について、あてはまるものを1つ選択してください。

| 選択肢 | 回答数 | 割合（%） |
|---|---|---|
| 1．既に活用している | 26 | 8.8 |
| 2．ぜひ活用したい | 10 | 3.4 |
| 3．活用してもよい | 90 | 30.5 |
| 4．活用したくない、または活用できない | 169 | 57.3 |

### 問13．市民農園等に活用したくない、または活用できない理由で、あてはまるものを選択してください。（複数選択可）

| 選択肢 | 回答数 | 割合（%） |
|---|---|---|
| 1．耕作権を主張され、返ってこない不安があるため | 43 | 12.9 |
| 2．相続が起きた時、自由に処分できなくなるため | 97 | 29.0 |
| 3．相続税の納税猶予が打ち切りになるため | 65 | 19.5 |
| 4．知らない相手に貸したくないため | 64 | 19.2 |
| 5．収入が見込めないため | 37 | 11.1 |
| 6．その他 | 28 | 8.4 |

### 問13．自由記述

未満が約 34.8% と最も多く，次いで 1,000m$^2$ 以上 2,000m$^2$ 未満が約 33.7% となっている。「問 3．あなたが所有する生産緑地を営農している主な従事者」の回答をみると，営農している主な従事者は，土地所有者が約 61.5%，土地所有者の家族・親族が約 32.9% であった。「問 4．主な農業従事者の年齢」をみると，主な農業従事者の年齢は，60 代が約 32.5%，70 代が約 32.0% で全体のおよそ 3 分の 2 を占めている。10 代と 20 代は皆無である。「問 5．農家形態」をみると，自給的な兼業農家が約 54.8% と最も多い。「問 6．家族構成」をみると，一世代で居住と二世代で居住（夫妻世代と子）がそれぞれ約 29.7% と最も多い。「問 7．現在所有している生産緑地における相続税納税猶予措置の状況」をみると，現在所有している生産緑地における相続税納税猶予措置の状況は，すべてまたはほぼすべての生産緑地地区において相続税納税猶予措置を受けている農家が約 51.1% と最も多い。

　本研究の最大の関心事項である「問 8．現在所有している生産緑地が指定後 30 年経過した際の利活用の意向」をみると，「営農を続ける予定である」が約 72.8%，「すぐ市へ買取申出したい」が約 27.2% となっている。「問 9．すぐ市へ買取申出したい理由」をみると，「営農を続けられないため」が約 85.3% で，「営農を続けたくないため」は約 14.7% であった。「問 10．営農を続けられない理由」をみると，「高齢である」が最も多く約 43.0% で，次いで，「後継者がいない」が約 33.9% であった。「問 11．営農を続けたくない理由」をみると，「土地を自由に活用できるようにしておきたい」が最も多く約 40.0% で，次いで，「特に理由はないが，生産緑地の制限を外したい」が約 35.7% であった。

　次に，「問 12．現在所有している生産緑地を市民農園等として活用することへの意向」をみると，「活用したくない，または活用できない」が約 57.3% と最も高い。「問 13．市民農園等に活用したくない，または活用できない理由」をみると，「相続が起きた時，自由に処分できなくなるため」が最も多く約 29.0% であった。

　なお，問 14 の自由記述については以下に代表的なものを示す。


・可能な限り耕作を続けたい。

・営農を続ける予定であるが,農業用水が給水できる環境が今後とも伴うかどうか不安である。
・生産緑地ということであれば,稲作が一番と思う。田んぼは水をはったら雑草が生えないので周囲の住宅にも利益が生じると思う。
・生産緑地は,土地は値上がりするものとする時にできたもので,今の時代にあわない。納税猶予も生産緑地も都市農業を苦しめているだけだ。
・民間事業者から「生産緑地」の相続に関するセミナー等の郵便物が最近増えてきました。本市の行政機関の方々がこれらの動きに遅れをとらず,スピード感をもって,市内の生産緑地に係る施策を種々検討し,他の自治体に先進事例になるような施策,モデル事業等をぜひ展開していただくよう,期待しております。

### (2) クロス集計
#### 1) 地域別

地域別の「問2.所有する生産緑地の面積」について,図11-9に回答件数を示した。回答件数の多いD地域やC地域で所有する生産緑地の面積が大きい傾向にあり,一方,回答件数の少ないG地域やE地域で所有する生産緑地の面積が小さい傾向にある。

次に,地域別の「問4.主な農業従事者の年齢」について,図11-10に示し

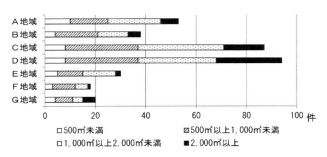

図11-9 地域別の所有する生産緑地の面積
資料:アンケート調査結果から作成.

218

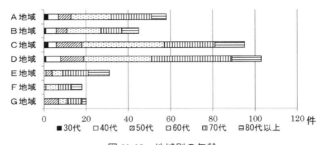

図 11-10　地域別の年齢
資料：アンケート調査結果から作成．

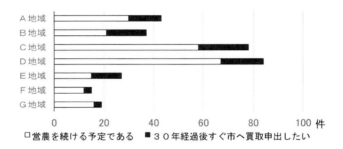

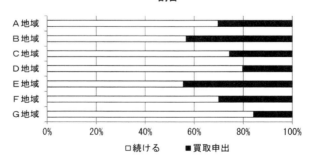

図 11-11　地域別の意向件数とその割合
資料：アンケート調査結果から作成．

第 11 章　生産緑地 2022 年問題に係る大阪府東大阪市の課題と対応策　219

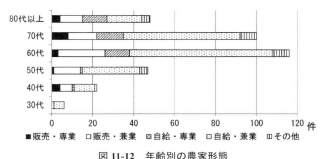

図 **11-12**　年齢別の農家形態
資料：アンケート調査結果から作成．

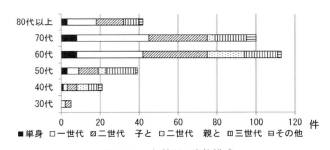

図 **11-13**　年齢別の家族構成
資料：アンケート調査結果から作成．

た。いずれの地域も高齢化が進んでいる。特に F 地域や G 地域では 30 代や 40 代がみられず，高齢化が顕著である。

次に，地域別の「問 8. 現在所有している生産緑地が指定後 30 年経過した際の利活用の意向」の件数とその割合を図 11-11 に示した。いずれの地域でも，「営農を継続する」との回答が多い一方で，いずれの地域でも一定数は「30 年経過後すぐ買取申出をしたい」とする回答もある。

**2）年齢別**

年齢別の「問 5. 農家形態」についての回答を図 11-12 に示した。いずれの年代においても自給・兼業が最も多い。販売・専業と販売・兼業は少ないものの，いずれの年代においても一定数の回答者があり，産業としての農業の核となる部分が存在している。

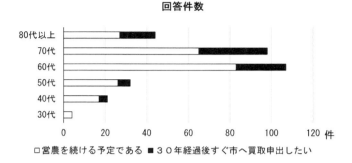
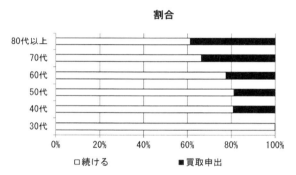

図 11-14　年齢別の継続の意向件数とその割合
資料：アンケート調査結果から作成．

　次に，年齢別の「問6．家族構成」についての解答を図 11-13 に示した。高齢になるに従い，単身あるいは一世代との回答が占める割合は大きくなる。相続が発生した際の課題の要素として捉えられる。

　次に，年齢別の「問8．現在所有している生産緑地が指定後 30 年経過した際の利活用の意向」についての回答数とその割合を図 11-14 に示した。30 代ではすべてが「営農を継続する」との回答である。年齢が上がるに従い，「30 年経過後すぐ買取申出をしたい」とする回答の割合が増える傾向にある。

3）所有する生産緑地の面積別

　所有する生産緑地の面積別の「問8．現在所有している生産緑地が指定後 30 年経過した際の利活用の意向」についての回答数とその割合を図 11-15 に示

第 11 章　生産緑地 2022 年問題に係る大阪府東大阪市の課題と対応策　221

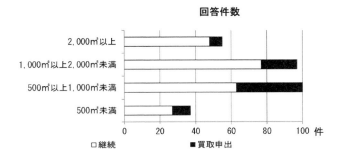

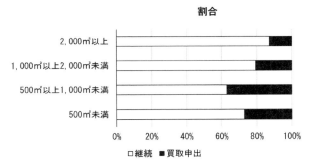

**図 11-15　所有する生産緑地の面積別の意向件数とその割合**
資料：アンケート調査結果から作成．

した．所有する生産緑地の面積が 2,000m$^2$ 以上の場合，「営農を継続する」との回答割合が最も大きい．所有する生産緑地の面積が小さくなるに従い，「30 年経過後すぐ買取申出をしたい」とする回答の割合が増える傾向にあるが，500m$^2$ 未満では，反転してその割合がやや小さくなる傾向にある．

4）30 年経過後に買取申出の意向のある者の理由等

「問 10．営農を続けられない理由」を図 11-16 に，「問 11．営農を続けたくない理由」を図 11-17 にそれぞれ示した．営農を続けられない理由の多くが，「高齢であること」と「後継者がいないこと」となっている．営農を続けたくない理由は，「住宅や駐車場への転用が確定している」との回答はなく，「自由に活用したい」，「制限を外したい」，「他人に売却したい」の順に回答が多くなっている．

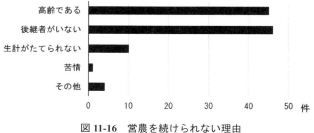

図 11-16　営農を続けられない理由
資料：アンケート調査結果から作成.

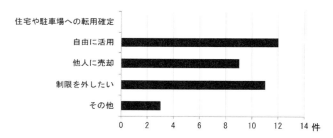

図 11-17　営農を続けたくない理由
資料：アンケート調査結果から作成.

## 5）市民農園等の活用

　営農継続の意思の有無別に「問 12. 現在所有している生産緑地を市民農園等として活用することへの意向」について図 11-18 に示した。営農継続意向者は，「活用したくない，または活用できない」との回答が最も多いが，「活用してもよい」の回答も 50 件を上回る。買取申出意向者は「ぜひ活用したい」の回答が多い。営農継続の意思の有無により，意向は大きく異なる傾向にある。

　また，営農継続の意思の有無別に「問 13. 市民農園等に活用したくない，または活用できない理由」について図 11-19 に示した。営農継続意向者は，「納税猶予の打ち切り」，「自由に処分できなくなる」，「知らない相手に貸したくない」の順になっている。一方，買取申出意向者は「収入が見込めない」の回答が多い。

第 11 章　生産緑地 2022 年問題に係る大阪府東大阪市の課題と対応策　223

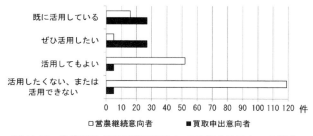

図 11-18　生産緑地を市民農園等として活用することへの意向
資料：アンケート調査結果から作成．

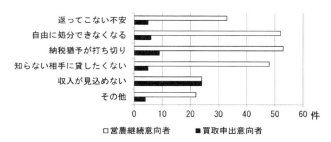

図 11-19　活用したくない，または活用できない理由
資料：アンケート調査結果から作成．

### （3）アンケート調査の結果から抽出された課題

アンケート調査の結果をまとめると以下のことが特徴として示される．

① E，F，G の各地域は生産緑地の面積が極めて小さく少なくなっている．
② 市域全域で高齢化は顕著で，販売農家は少なく，自給的農家が多い．
③ 営農継続の意向を示す回答が多く，買取申出の回答は少ない（推計約 16ha）．
④ 買取申出は高齢に伴い増加傾向にある．
⑤ 一方，営農継続の意向であるものの，高齢者の単身者・一世代の世帯は多い．

このため，営農継続の意向であっても，将来，継続が困難になるケースも想

定される。ただし，何もしなければ上記推計値約 16ha は上方修正の必要が出てくる。

　これらのことをふまえると，東大阪市の生産緑地を保全していく上での課題は以下の 3 点になると考えられる。

①買取申出への対応と生産緑地の継続維持の施策が必要と考えられる。
②ただし，買取申出者は，「自由に使いたい」，「制限を解除したい」との意向が強い。
③また，営農継続者は，市民農園等への活用に消極的な割合が大きい。

## 3．他の地方公共団体の先駆的な取組みの状況

### （1）名古屋市の緑化地域制度

　愛知県の県庁所在地であり政令指定都市である名古屋市では，2000 年代に入り都市緑地法に基づく緑化地域制度の導入が検討され（武藤，2008），2008年から施行されている（藤井，2011）。

　名古屋市都市緑政土木局緑地維持課へのヒアリングによれば，都市緑地法に基づく緑化地域制度を初めて導入したのは名古屋市であり，現在，名古屋市の他に東京都世田谷区，神奈川県横浜市，愛知県豊田市の 4 市区で導入されているとのことである。都市緑地法に基づく制度であることから，どこの地方公共団体でも取り組めるとのことである。名古屋市では，これまでは，開発に伴う緑地を残す上で農地を生垣として残すことはあったが，農地のまま残した実績はなかったとのことである。その理由は，都市緑地法では農地が緑として位置付けられていなかったからであり，2017 年の都市緑地法の改正により，農地が緑として位置付けられたことから，今後このようなケースが出てくる可能性があるとしている。

### （2）名古屋市の農地バンク制度

　名古屋市都市緑政土木局都市農業課に農地バンクについてヒアリングを行っ

第 11 章　生産緑地 2022 年問題に係る大阪府東大阪市の課題と対応策　225

た。農地バンクについては，愛知県豊田市や日進市が先進的取組みを行っているとのことであった。豊田市の取組みは，市街化調整区域の耕作放棄地対策と農外からの就農をマッチングさせた取組みである。市街化調整区域の農地の貸し借りについては農業経営基盤強化法に基づく利用権設定（例，10 年の利用権設定をすれば，貸した農地は 10 年後に戻ってくる）が可能である。名古屋市での農地バンクの取組みの先進性は，市街化区域内の農地のマッチングを企図したところである。しかし，これまでには，市街化区域内の農地でのマッチングで貸し借りの実現はしていないとのことであった。その理由は，市街化区域内の農地は，農業経営基盤強化法に基づく利用権設定ができずに，農地法に基づく貸し借りとなり地主が貸せる状態にないとのことであった。

### （3）堺市の民間設置の市民農園

　大阪府 HP の「農に親しむ施設紹介」によれば，32 市町村の施設が掲載されている。この中で，数をみると，東大阪市が多いが，種類は JA が設置する市民農園だけとなっている（東大阪市では，一般的な市民農園とは別に福祉農園を市が設置している）。これと比較して，数は東大阪市と比べて若干少ないものの，設置主体の面からみると，堺市が最も多様性に富んでいることは第 6 章で示したとおりである。今後，東大阪市で市民農園等を開設するにあたっては，JA が設置する市民農園だけでなく，民間が設置者となる市民農園も検討に加えられるものと考えられる。


## 4．国の政策立案の動向

　田辺（2017）や水口・小谷（2017）によれば，2017 年秋の臨時国会では，「都市農地の貸借の円滑化に関する法律案（仮称）」の提出が検討されていたとしている。また，田辺（2017）によれば，農林水産省は，2018 年度（平成 30 年度）税制改正要望（2017 年 8 月）において，新たな都市農業振興制度の構築に併せて，生産緑地を貸借した場合でも相続税の納税猶予制度が継続適用される措置の創設を要望しているとしている。

本研究実施時の 2018 年 3 月 6 日に「都市農地の貸借の円滑化に関する法律案」が国会に内閣法案として提出された。この法案が成立し,税制が改正されれば,生産緑地の貸し借りが容易なものとなるとともに,借り手が耕作を続けるあるいは市民農園として都市農業の機能が発揮されれば,相続税の納税猶予制度が継続適用されることになるものと考えられる。また,生産緑地の利用権設定が可能となることで上記の名古屋市の農地バンクにおける課題の解消につながるものと考えられる。

# 5. 生産緑地 2022 年問題への対応策の提言

2018 年 3 月 24 日に東大阪市役所で開催された東大阪市 2017 年度(平成 29 年度)地域研究活動市長報告会において,筆者は,改正生産緑地法の 2017 年改正に基づく特定生産緑地の指定検討および条例による指定要件の下限値の変更による追加指定への誘導を行った上で,以下の 3 つの具体策を検討すべきであると提言した。

①買取申出の際の買取 ──買う
②借地等による公的な農的利用管理 ──借りる
③農地の貸借への公的な関与 ──関わる

## (1) 具体策① 買取申出の際の買取 ──買う
「公園緑地等としての将来活用」

最もオーソドックスな具体策である。ただし,買取は財政負担も大きく,買取後の土地利用についても公共的意義の大きいものを優先する必要が出てくる。E, F, G の 3 地域は,『東大阪市みどりの基本計画』では,市街化が最も進んだエリアであり,東大阪市内でもいち早く市街化され,住宅・工場・商店などが混在するみどりの乏しい密集市街地とされている(東大阪市,2003)。良好な都市環境の形成や防災の観点からも無用な転用は避けるべきエリアと考

えられる。なお，E, F, G の 3 地域は生産緑地が極めて少ない状況にあり，30 代，40 代の担い手が不足している状況にもあるため，他の 4 つのエリアと比較して，最も優先的に取り組むべき地域と考えられる。


## （2）具体策②　公的な農的利用管理 ——借りる
「公設民営型市民農園の展開」

　営農継続する者で市民農園等の活用に対して肯定的な所有者は一定程度存在する。市民農園等の活用に肯定的な所有者に対しては，市民農園を運営する民間事業者とのマッチングが考えられる。

　一方で，市民農園等の活用に対して否定的な所有者は，知らぬ人に貸すことや，貸すことで返ってこなくなることを懸念している。市ではすでに相続税納税猶予適用外の生産緑地を借り受けて福祉農園を開設している実績がある。そこで，税制改正があれば，市が相続税納税猶予適用の生産緑地も含め借り受け，教育目的の学校園，あるいは市民農園等を開設し，指定管理者制度的な方法により運営を行う。


## （3）具体策③　貸借への公的な関与 ——関わる
「農地バンクの創設」

　生産緑地を農業者が維持していけるように，農地バンク（耕作できなくなった農業者が生産緑地を登録し，経営規模の拡大を望んでいる農業者が生産緑地を借りやすくするためのマッチングシステム）の創設を検討する。これまでのところ，市街化調整区域での農地バンクを創設している地方公共団体はあるものの，市街化区域内での農地バンクは名古屋市にみられるだけであり，現行法令の規定では十分に機能していないのが現状である。しかし，国会で審議中である「都市農地の貸借の円滑化に関する法律案」が制定されれば [2]，市街化区域内での農地バンクが機能するものになると考えられる。A 地域，B 地域の高齢化に伴う担い手不足を考慮すると，上記新法制定を視野に市内農業者への生産緑地の集積等を促すため，農地バンクの創設の検討を開始すべきである。

# 6. 生産緑地 2022 年問題の性格

　本章の目的は、東大阪市における生産緑地の保全と活用のための対応策を提示することである。このため，全生産緑地所有者へのアンケート調査結果に基づき，他の地方公共団体での先駆的な取組み事例のヒアリング調査結果や東大阪市の地域特性などから総合的に判断して，具体策は農地のまま維持される，あるいは公園や緑地に転換される土地利用の範囲で政策提言を行った。すなわち，特定生産緑地の指定検討および条例による指定要件の下限値の変更による追加指定への誘導を行った上で，①買取申出の際の買取，②借地等による公的な農的利用管理，③農地の貸借への公的な関与の 3 つの具体策である。東大阪市の 7 つの地域の特性と財政状況を勘案した上で，市が主体となって行い得る行動として，「買う」，「借りる」，「関わる」という視点で，3 つの具体策を検討すべきであることを提案した。

　なお，一歩さがって俯瞰的にみると，生産緑地所有者のアンケートの回答をみれば，生産緑地所有者が今後営農の継続を断念しようとしている場合，宅地や駐車場への転用が決まってはいないものの，自由に使えるよう制限を解除したい意向が強い。このため，上記の具体策がすべての受け皿になるとは限らない。東大阪市は，技術力の優れた中小工場集積地であるとともに，東西南北に高速道路が通り，2 つの環状道路も通る地の利のある場所に位置している。どこまで市が関与して都市農地を維持あるいは緑地系の土地利用ができるかを勘案しつつ，都市農地が他の土地利用に転換される場合に，どのような市に今後していくかを念頭に置いた誘導策の検討も必要と思われる。そのためにも，全農家の意向調査をすることが望まれる。

［注］
1）本章は，東大阪市 2017 年度（平成 29 年度）地域研究活動において調査を行ったものである．
2）「都市農地の貸借の円滑化に関する法律案」は 2018 年 6 月 20 日に可決成立した（衆議院 2018，参議院 2018）．

## ［参考文献］

青木美沙（2013）：都市部の農協直売所を活用した農業振興事業が販売および生産に与える影響－東大阪市「ファームマイレージ[2]運動」を事例に－．くらしと協同，5，61-73.

鵜飼洋一郎（2015）：「都市農地の保全を目的とした市民農園の振興に関する研究．名古屋都市センター研究報告書，120，2-18.

大澤勝文（2005）：流通機能からみた東大阪産業集積の革新性．経済地理学年報，51，312-328.

小長谷一之（2006）：東大阪における産業クラスター空間の抽出．創造都市研究，1（1），77-89.

国土交通省都市局（2017）：生産緑地法の改正について（http：//www.mlit.go.jp/common/001198169.pdf（2018 年 3 月 11 日閲覧））

参議院（2018）：議案情報　第 196 回国会（常会）都市農地の貸借の円滑化に関する法律案（http：//www.sangiin.go.jp/japanese/joho1/kousei/gian/196/meisai/m196080196043.htm（2018 年 6 月 21 日閲覧））

衆議院（2018）：議案審議経過情報　閣法 第 196 回国会 43 都市農地の貸借の円滑化に関する法律案（http：//www.shugiin.go.jp/internet/itdb_gian.nsf/html/gian/keika/1DC82A2.htm（2018 年 6 月 21 日閲覧））

塩澤誠一郎（2017）：生産緑地法改正を受けた生産緑地「2022 年問題」への対応．りそなーれ，15（6），1-13.

田辺真裕子（2017）：都市農地の保全と有効利用－都市農地の貸借に関する制度と課題－．立法と調査，394，33-45.

東京都産業労働局農林水産部（2016）：『平成 27 年度都市農業実態調査　都市農業者の生産緑地の利用に関する意向調査結果報告書』．

中塚華奈（2016）：消費者との連携による都市農業の保全と課題－東大阪市のエコ農産物特産化とファームマイレージ[2]運動－．農林業問題研究，52（3），118-123.

名古屋市緑政土木局都市農業課（2018）：『名古屋市農業振興基本方針なごやアグリライフプラン』．

東大阪市（2003）：『東大阪市みどりの基本計画』．

兵庫県総合農政課（2016）：「都市農業振興に関するアンケート調査の結果概要（生産者）」（https：//web.pref.hyogo.lg.jp/nk02/documents/2-shiryou3.pdf（2018 年 3 月 11 日閲覧））

藤井辰則（2011）：緑化地域制度施行における緑化施設評価認定制度「NICE GREEN なごや」と各種の普及支援制度等の名古屋市の取り組みについて．新都市，65 (9)，37-41．

松波俊文（2016）：名古屋市の農地と農のある暮らしづくり－名古屋市の農地の特徴を踏まえた施策と課題－．都市農地とまちづくり，71，10-13．

水口俊典・小谷俊哉（2017）：「生産緑地研究会」のとりくみと都市農地制度改革の提言．都市農地とまちづくり，72，2-11．

武藤崇史（2008）：名古屋市における緑化地域制度施行に向けた取り組みについて．都市緑化技術，69，34-37．

Edgington, D. W. and Nagao, K. (2011)：Local Development in the Higashi Osaka Industrial District. *Japanese Journal of Human Geography*, 63, 507-525.

# 展望　新法の制定等にみるみんなで支える都市農業の時代の到来

## 1. 新法「都市農地の貸借の円滑化に関する法律」の制定

　本書では，これまで 1992 年改正生産緑地法施行以降の，都市農業の変遷と各地域での都市農業の振興や都市農地保全の取組みをみてきた。現行制度の枠組みの中で，どのように都市農業が展開してきたかを把握してきたことで，2015 年に都市農業振興基本法が制定されたものの，課題が山積していることも明らかとなった。その課題の根幹は，土地制度と担い手ということになろう。土地制度ということからすれば，前章で記したとおり改正生産緑地法が 2017 年 3 月に改正されている。しかし，相続税納税猶予制度等の課題は解決していない状況にあった。

　2018 年 6 月 20 日，都市農地の貸借の円滑化に関する法律案が可決成立した（衆議院，2018，参議院，2018）。同法は，同年 6 月 27 日に公布され，同年 9 月 1 日に施行された。この法律により，生産緑地の貸借が円滑になることが期待されている。また，都市農地の貸借の円滑化に関する法律の制定に合わせ，税制改正が行われた（財務省，2018）。

　本稿執筆時点では，都市農地の貸借の円滑化に関する法律を所管する農林水産省の HP には同法の概要などは掲載されていない。ここでは同省が作成した資料「都市農地の貸借の円滑化に関する法律案の概要」（農林水産省，2018）を参考にみていこう。この資料によれば，制度創設の背景および趣旨として，農業従事者の減少・高齢化が進む中，都市における限られた貴重な資源である都市農地（生産緑地地区の区域内の農地）については，農地所有者以外の者であっても，意欲ある都市農業者等によって有効に活用されることが重要であり，そのための貸借が円滑に行われる仕組みが必要との認識が示されている。また，

本法律案の目的として，都市農地の貸借の円滑化のための措置を講ずることにより，都市農地の有効な活用を図り，都市農業の有する機能の発揮を通じて都市住民の生活の向上に資するとされている。具体的な枠組みとして，第4条により，都市農地の貸借の円滑化のため，以下の措置を講ずるとして図12-1が示されている。

これまでは，農地の貸し借りが進まない理由の一つとして，農地所有者が農地を貸すと返ってこないことを恐れていることがあった。この理由は，第11章での東大阪市のアンケート調査からもみられる。本法が制定されたことで，農地所有者の農地を貸すと返ってこないのではないかとの危惧が解消されることが期待できる。なお，この図12-1では，借り受ける者は都市農業者となっているが，この新法の第10条では，特定農地貸付法による貸付けも対象としており地方公共団体や農協は当然として，それ以外の者，すなわち市民農園等を開設しようとする民間企業やNPOも対象となっている。都市農業の機能が

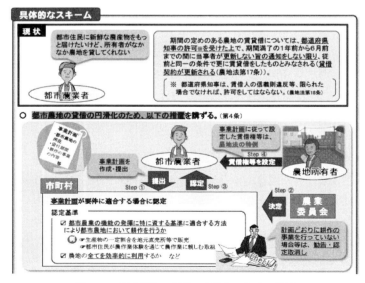

図 12-1　都市農地の貸借の円滑化のための措置
資料：農林水産省（2018年）を引用．

展望　新法の制定等にみるみんなで支える都市農業の時代の到来　233

発揮できる事業計画となっているかが要件となっている。


## 2．租税特別措置法（相続税納税猶予制度）の改正

　2018年度（平成30年度）の税制改正において，農地等に係る相続税・贈与税の納税猶予制度の見直しが行われている（財務省，2018）。相続税の納税猶予を適用している場合の都市農地の貸付けの特例が創設された。具体的には以下の貸付けがされた生産緑地についても納税猶予を適用することとされた。

①都市農地の貸借の円滑化に関する法律に規定する認定事業計画に基づく貸付け
②特定農地貸付けに関する農地法等の特例に関する法律（以下，特定農地貸付法）の規定により地方公共団体又は農業協同組合が行う特定農地貸付けの用に供するための貸付け
③特定農地貸付法の規定により地方公共団体及び農業協同組合以外の者が行う特定農地貸付け（その者が所有する農地で行うものであって，都市農地の貸借の円滑化に関する法律に規定する協定に準じた貸付協定を締結しているものに限る）の用に供するための貸付け
④都市農地の貸借の円滑化に関する法律に規定する特定都市農地貸付けの用に供するための貸付け

　これまでは，農地の貸し借りが進まない理由のもう一つとして，生産緑地の場合，所有者自らが耕作していないと，相続税納税猶予制度が適用されないことがあった。今般の税制改正により，都市農地の貸付けの特例が創設されたことで，相続税納税猶予制度が適用されることとなれば，都市農業の機能を発揮させる貸付けが促進されることが期待される。

## 3．みんなで支える都市農業の時代の到来

　都市農業基本法が制定され，理念的には大きな転換点ではあったが，1節・2節で記した制度の創設や税制の改正により実質的な大きな転換点を迎えたといえよう。また，2017年の生産緑地法の改正とあわせ，上記の新たな制度の創設や税制の改正は，都市農業基本法に基づく土地利用計画を策定する上での条件を整えたといえよう[1]。

　一方で，都市農地の所有者にとっては，判断が迫られることにもなったといえよう。生産緑地としておく選択をすれば，税金の面では軽減されるが，宅地となり得る資産としては考えにくくなるものと推測されるからである[2]。

　都市農地をどうしていくかは，極めて大きな地域政策の課題となったといえよう。これは農業者や地方自治体の関係部局（産業振興および都市計画など），農協などが当然ながら当事者であるが，当事者だけで都市農地の今後の土地利用を計画し，計画通りに実行していくことは非常に困難であろう。それは，農地の上で都市農業が営まれ，都市農業の多面的機能を発揮していくことが求められているからである。とすれば，新しい制度の創設や税制の改正を活かした農業者への農地の集積による農産物の供給とともに，都市住民やNPO，民間企業等と連携した取組みが不可欠と思われる。旧来の都市農業に係る関係者の枠を超えた参画が必要と思われる。

　月刊『地理』2015年7月号の特集は「みんなで支える東京農業」であった。筆者はこの特集に寄稿させていただいた。特集名をどうするかといった検討にも参画させていただき，この特集を企画された国士舘大学の宮地忠幸先生（現，日本大学）と月刊『地理』発行元の古今書院の原光一編集長から，特集名の案として「みんなで支える東京農業」の提示を受け，筆者はやや抵抗感を持った。この特集は現任校に着任してから発行されているが，原稿執筆時は前職場におり，職務として直売所や農業体験農園の整備を進めるなど，まさにみんなで支える都市農業を推進していた。一方で，本書の第2〜4章で記したとおり都内には市場出荷型産地が厳然と存在しており，奮闘している農家の方々の気持ちを逆なでしないかと懸念するとともに，産業としての農業の敗北ではないかと

感じたからである。しかし，都市農業の総体としての現状を認識し，結果的に「みんなで支える都市農業」に筆者は賛同した。

その当時から3年半余が経過し，新しい制度の創設や税制の改正が行われ，従来あった障壁がブレークスルーされた。まさに「みんなで支える都市農業」の時代の到来といえよう。この機に本書を発刊する意義は，それぞれの地域で，地域の特性に合わせて「みんなで支える都市農業」の枠組みを作る上で，これまで先駆的に取り組んできた地域の実情を紹介することで，少しでも参考にしていただきたいとの思いからである。

小林 (1993) の将来の都市農業の存続の憂慮から，4半世紀が経過し，都市農業・都市農地は都市に「あるべきもの」とされる時代を迎えた。ブレークスルー後の都市農業の姿を注視することが必要であるし，学術の振興のみならず，そういった作業も地理学の社会的貢献に繋がる役割の一つではないだろうか。


[注]
1) 本書の各章で提示してきた課題の多く，例えば，第9章で示した相続税納税猶予制度の適用範囲拡大や市街化区域内の農地の貸し借りを可能にすることについては，そのものが実現したと考えられる．このことから，第6章での市街化区域内の生産緑地での市民農園が相続の発生により消失しかねないこと，第11章での市街化区域内の農地バンク制度では生産緑地の貸借ができなかったこと等は，新法の制定と税制の改正により解消されるものと推察される．なお，相続税納税猶予制度の適用を受けることができる方法として考案され取り組まれてき農業体験農園については，発祥の地である東京都や隣接各県といった首都圏だけでなく，近畿圏でも普及している．この普及している状況を農家が都市住民に野菜の作り方を教える仕組みに需要があることの現れと捉えれば，農業体験農園の役割は終わるのではなく，農業体験農園という都市農業ビジネスモデルとして今後も定着するのではないかと推察される．
2) 一方で，第10章で示した生産緑地指定率の低い市あるいは生産緑地法の特定市ではない市では，新法の制定や税制の改正によるメリットを受け難いあるいは受けられないことが想定される．今後の制度運用を注視していく必要がある．

［参考文献］

小林浩二（1993）：都市農業のゆくえ．岐阜大学教育学部研究報告 人文科学，42（1），1-16.

財務省（2018）：平成30年度税制改正の解説（https：//www.mof.go.jp/tax_policy/tax_reform/outline/fy2018/explanation/pdf/p0009-0080.pdf#page=32（2018年8月27日閲覧））

参議院（2018）：議案情報　第196回国会（常会）都市農地の貸借の円滑化に関する法律案（http：//www.sangiin.go.jp/japanese/joho1/kousei/gian/196/meisai/m196080196043.htm（2018年6月21日閲覧））

衆議院（2018）：議案審議経過情報　閣法 第196回国会43 都市農地の貸借の円滑化に関する法律案（http：//www.shugiin.go.jp/internet/itdb_gian.nsf/html/gian/keika/1DC82A2.htm（2018年6月21日閲覧））

農林水産省（2018）：都市農地の貸借の円滑化に関する法律案の概要（http：//www.maff.go.jp/j/law/bill/196houritsu/attach/pdf/index-7.pdf（2018年8月27日閲覧））

# 索　引

## ア行

愛知県　10,182

愛知県食と緑が支える県民の豊かな暮らしづくり条例　183

愛知県都市農業振興計画　186

新たなおおさか農政アクションプラン　187

アンケート調査　207

1位品目別農家戸数　119

1位部門別農家戸数　108,160

一団の農地　194

稲作　108,183

稲　95,143,160,209

営農環境　32

営農集団　8

エコ・コンパクトシティ　3

エダマメ　135

江戸川区　7,25,35,58,67,83

江戸川区基本構想　45

江戸川区食育推進計画　48

江戸川区長期計画　45

江戸川区農業基本構想　46

江戸川区みどりの基本計画　47

NPO　114,232

$F_1$品種　44

園芸　144,155

## カ行

大阪府　8,101,181

大阪府都市農業の推進及び農空間の保全と活用に関する条例　183

オーナー制ワイン園　174

卸売市場　24,41,86,182

尾張地域　183

買取申請　190

買取申出　194,205,221

花き　8,21,57,144

花き生産組織　58

花きの振興に関する法律　57

加工　9,25,194,205

果樹　21,57,70,108,155,160,183

柏原市　155

柏原市まち・ひと・しごと創生総合戦略　169

花壇苗　57,83

学校農園　48

活力ある農業経営育成事業　30

ガーデニング　57

神奈川県　182

神奈川県都市農業推進条例　186

かながわ農業活性化指針　186

河内ワイン　173

環境基本計画　94

環境保全　5

環境保全型農業　8,44

観光農園　9,18,108,155,182

関東東海花き展覧会　70

管理・運営コスト　26

技術開発　75

技術水準　71

技術的革新　42

規制緩和　114

既成市街地　11

北河内　108,183

北多摩　24,86

逆線引き　6

球根　57

教育　5

行政区　117

行政計画　45,86

京都府　95.195

清瀬市　83

清瀬市長期総合計画　93

清瀬市まち・ひと・しごと創生総合戦略　93

清瀬市みどりの基本計画（改定版）　96

切り花　57

近畿圏　8,101,193

近郊整備地帯　11

区部　24,41

区民農園　47

区民農園設置事業　52

クラインガルテン　115

経営耕地面積　17,38,61,87,101,102,117,142,
　158,209

計画の根拠　188

景観　5,113

系統選抜　44

兼業農家　7

建築規制の緩和　194,205

減農薬栽培　44

郊外　83

構造改革特別区域法　114

高度に集約的な栽培　57

交流の場　113

高齢化　2

国土・環境の保全　113

個人　114

固定種　44

コマツナ　35,57,83

コマツナ給食の日　52

雇用　70

## サ行

埼玉県　182

埼玉県都市農業振興基本計画　185

栽培可否　76

栽培期間　42

栽培技術　60

栽培品目　86,140

堺市農業振興ビジョン　130

作型　43

作付面積　17,41

策定プロセス　188

差別化　151

山間農業地域　17

産業振興　234

索 引 239

三大都市圏　1,17,101,114,181
参入　191
市街化区域　1,95,123
市街化区域内農地　10,17
市街化調整区域　1,21,123
自給的農家　107,141
市場出荷　70
市場出荷型産地　15,36,59,83,234
市場出荷品目　93
市場性　76
市施行　95,198
施設園芸　40,62
施設野菜　91,119
市町村合併　95,198,203
指定管理者制度　227
市部　41
市民　150
市民農園　9,18,113,182,214,216
市民農園整備促進法　113
社会資本整備審議会　2
終身営農　205
10年延期　194,206
周年栽培　42,70
集約型都市構造化　3
樹園地　103,143,160,209
首都圏　7,17
種苗会社　44
消費者への直接販売　21,182
条例　1,182,194
食育基本法　48
人口　36,60,85,140,208
人口減少　2

振興施策　75,135,181
人口密度　36,60,85,117
森林面積　117
水田　160
水田対策　50
生産効率　75
生産体制　75
生産品目　89
生産緑地　17,38,61,105,209,231
生産緑地地区　1
生産緑地2022年問題　114,190,205
生産緑地法　1,17,101,183,205
生産緑地保全整備事業　32,75
脆弱化　112
税制　214
税制改正要望　225
制度運用　235
生物多様性の保全　3
政令指定都市　116
設置主体　114
1995年農業センサス　101
1992年改正生産緑地法　1,35,38,61,83,114,
　231
専業農家　8,21,39,62,87,107,141,160
全国市民農園リスト　116
全国展開　114
泉南　108,183
泉北　108,183
総合防除技術　43
相続税納税猶予制度　26,114,191,205,231,
　233
租税特別措置法　233

存続戦略　15,36,77,84

**タ行**

田　102,155,194
第1種兼業農家　21,107,141
体験型農園　48
ダイコン　83
第二次清瀬市環境基本計画　96
第2種兼業農家　107,141
耐病性品種　44
宅地化農地　2,20,38,105,190,195,209
宅地供給　2
宅地並み課税　1
多摩地域　17
地域活性化　33,182
地域資源活用促進法　4
地域住民の理解　50
地域振興　101
地域政策　234
地域特産野菜　135
地域類型　17,101
地球環境問題　2
地産地消　52,135
地方自治体　8
地方自治法　45,72
地方都市農業振興基本計画　181
中間農業地域　17
中京圏　8,182
中山間地　33,182
中心市街地活性化イベント　135
長期営農継続農地　1
直売　70,112,137,155,183

直売所　194,205,234
直売所マップ　166
直売品目　93
地理学　7
適用農薬の拡大　43
鉄骨ハウス　75
田園住居地域　194,206
伝統的ブドウ産地　155
伝統野菜　36,44
東京都　8,17,181
東京都農業振興プラン　次代に向けた新
　　たなステップ　186
独自の施策　32
特定市　1,17,95,101,114,183
特定生産緑地　194,206
特定農地貸付法　113,233
特別区　11,17
都市化　32,140
都市環境の改善　3
都市環境の形成　226
都市計画　234
都市計画区域　1
都市計画決定　190
都市計画図　118
都市計画法　1
都市公園　117
都市住民　100,113
都市的地域　101,115
都市と緑・農の共生　3
都市農業育成事業　50
都市農業経営パワーアップ事業　30
都市農業振興基本計画　5,181,205

索　引　241

都市農業振興基本法　2,59,83,95,113,181,
　193,205,231
都市農業の振興　4,214
都市農地の貸借の円滑化に関する法律
　7,132,225,231
都市農業の多面的機能　5,113
都市農地の保全　135,214
都市の縮退　135
都市緑地法　47,73,114,193,205,224
土地制度　231
土地利用型の作物　95
土地利用計画　6,95,112,181,190,194
特区提案　114
届出　1
豊能　108,183
トンネル栽培　43

ナ行
中河内　108,155,183
奈良県　95,195
軟弱野菜　36,57
西多摩　17
西三河地域　183
2017年改正生産緑地法　7,190,193,231
担い手　231
庭先販売　50
ニンジン　83
認定農業者　52
農園利用方式　114
農家戸数　10,17,38,61,87,107,119,141,158,
　209
農家副業　138

農家レストラン　25,137,194,205
農協　8,232
農業関連事業　21,116,137,155,183
農業基盤　18,35,61,102
農業経営　18,70,102
農業経営基盤　86,112,140,155,158
農業経営基盤強化促進法　46
農業経営体　4
農業経営対策事業　75
農業県　183
農業公園　48
農業振興　93,207
農業振興地域　21
農業生産額　17
農業生産組織　84
農業センサス　86,116,158
農業体験・学習　113
農業体験農園　8,18,52,114,137,182,234,235
農業・農地を活かしたまちづくり事業　33
農業ボランティア　47
農作物作付面積　62
農山漁村活性化法　4
農産物直売所　8,17,101,116,182
農産物の供給　5,113
農産物販売金額1位の部門別農家戸数
　21,39,209
農産物ロゴマーク　50
農商工等連携促進法　4
農商工連携　5,21,108,183
農村的地域　115
農地の貸し借り　191
農地の転用　1,101

農地バンク制度　224,235
農地法　113
農地保全　101,179
農地の保全　47
農の風景育成地区　33,48
農林業センサス　17,60
農林水産大臣賞　71

## ハ行

パイプハウス　30,75
ハウス栽培　43
畑　102,119,143
畑作　138
鉢物　57
バルイベント　135
日帰り型　115
東大阪市　205
東大阪市みどりの基本計画　226
東久留米市　67,83
東久留米市第二次環境基本計画　96
東久留米市第二次緑の基本計画　96
東久留米市第4次長期総合計画　94
東久留米市農業振興計画　94
東久留米市まち・ひと・しごと創生総合
　戦略　94
東三河地域　183
東村山市　57,83
東村山市花き研究会　70
東村山市環境基本計画　73
東村山市基本構想　72
東村山市農業振興計画　72
東村山市みどりの基本計画　73

ビジネスモデル　32,235
ヒートアイランド現象　3
病害抵抗性　44
兵庫県　182,195
兵庫県都市農業振興基本計画　184
品質　75
品種　44,60,76
品種改良　44,76
フォレストガーデン　123
福祉農園　123
ブドウ　155
ブドウ狩り　168
ブドウ産地　101
ぶどう畑・町歩きマップ　173
フードツーリズム　8
ブランド化　8
ふるさと柏原ぶどう狩りツアー　169
ブルーベリー　9,28,182
ふれあい農園事業　52
閉園　127
ベッドタウン　121
防災　5,113,226
防災井戸　32
防災機能　48
防薬シャッター　32
ホウレンソウ　83
補助事業　30
保全する農地　204

## マ行

マップ　135
三島　108,183

道連れ解除　194
緑の基本計画　114
南河内　101,155,183
南多摩　21
魅力ある都市農業育成対策事業　30
民間企業　114,232
武蔵野台地　59,84
面積要件　194,205

## ヤ行
八尾市　135
八尾バル　135
野菜　21,57,108,155,160,183
野菜生産組織　84
有機農産物　8
誘導策　228

## ラ行
理解の醸成　4,113

立地　117
緑化地域制度　224
緑地構成要素　121
緑地率　117
臨海工業地帯　121
連作　43
六次産業化　5,21,108,137,183
六次産業化・地産地消法　5
露地栽培　43
露地野菜　119,144,209
露地野菜産地　83

## ワ行
ワイナリー　170
若ゴボウ　135
綿作　138

**著者略歴**

石原　肇（いしはら　はじめ）

　大阪産業大学デザイン工学部環境理工学科教授.
　1964 年東京都生まれ. 専門は環境政策論, 応用地理. 立正大学
　大学院地球環境科学研究科博士後期課程修了. 博士（地理学）.
　主著：『地域をさぐる』（共著, 古今書院）
　　　　『環境サイエンス入門』（共著, 学術研究出版）

| | |
|---|---|
| 書 名 | **都市農業はみんなで支える時代へ**<br>　－東京・大阪の農業振興と都市農地新法への期待－ |
| コード | ISBN978-4-7722-5323-9　C3061 |
| 発行日 | 2019（平成 31）年 3 月 16 日　初版第 1 刷発行 |
| 著 者 | **石原　肇**<br>Copyright　©2019 ISHIHARA Hajime |
| 発行者 | 株式会社古今書院　橋本寿資 |
| 印刷所 | 理想社 |
| 発行所 | **（株）古 今 書 院**<br>〒 101-0062　東京都千代田区神田駿河台 2-10 |
| 電 話 | 03-3291-2757 |
| F A X | 03-3233-0303 |
| U R L | http://www.kokon.co.jp/ |
| | 検印省略・Printed in Japan |

# いろんな本をご覧ください
## 古今書院のホームページ

### http://www.kokon.co.jp/

★ 800点以上の**新刊・既刊書**の内容・目次を写真入りでくわしく紹介
★ 地球科学や GIS，教育など**ジャンル別**のおすすめ本をリストアップ
★ 月刊『地理』最新号・バックナンバーの特集概要と目次を掲載
★ 書名・著者・目次・内容紹介などあらゆる語句に対応した**検索機能**

## 古 今 書 院

〒101-0062　東京都千代田区神田駿河台 2-10
TEL 03-3291-2757　　FAX 03-3233-0303
☆メールでのご注文は order@kokon.co.jp へ